C语言程序设计简明教程

袁雪梦　谢珊　张国庭 ◎ 主编

清華大学出版社
北　京

内 容 简 介

本教材旨在介绍C语言编程的基本概念、语法和编程技巧，帮助读者掌握C语言编程的基础知识，并培养读者的编程思维和解决实际问题的能力。

本教材的主要内容包括C语言的基本语法、数据类型、运算符、控制结构、数组、函数、指针、结构体、文件等。本教材还介绍了C语言中的一些常用库函数和工具，如标准输入输出库、字符串处理函数、文件操作函数等。

本教材的特点是深入浅出、通俗易懂，通过丰富的实例和练习题帮助读者加深和加强对C语言的理解和掌握。同时，本教材还提供了一些常见错误的示例和解决方案，帮助读者避免在编程中犯同样的错误。希望读者通过本教材的学习，能够掌握C语言编程的基础知识，并能够在实践中灵活运用所学知识，解决实际问题。

图书在版编目（CIP）数据

C语言程序设计简明教程 / 袁雪梦，谢珊，张国庭主编. -- 北京 ：清华大学出版社，2024. 9. -- ISBN 978-7-302-67270-8

Ⅰ. TP312.8

中国国家版本馆CIP数据核字第2024FD2956号

责任编辑：贾 斌 薛 阳
封面设计：何凤霞
责任校对：王勤勤
责任印制：沈 露

出版发行：清华大学出版社
网 址：https://www.tup.com.cn，https://www.wqxuetang.com
地 址：北京清华大学学研大厦A座 **邮 编：**100084
社 总 机：010-83470000 **邮 购：**010-62786544
投稿与读者服务：010-62776969，c-service@tup.tsinghua.edu.cn
质量反馈：010-62772015，zhiliang@tup.tsinghua.edu.cn
课件下载：https://www.tup.com.cn，010-83470236
印 装 者：天津鑫丰华印务有限公司
经 销：全国新华书店
开 本：185mm×260mm **印 张：**10.75 **字 数：**256千字
版 次：2024年9月第1版 **印 次：**2024年9月第1次印刷
印 数：1～2000
定 价：49.80元

产品编号：108860-01

前　言

本教材旨在为初学者提供一种全面且实用的C语言程序设计知识讲解，不仅介绍了C语言的基本语法和语义，还通过大量的实例和练习，深入浅出地介绍了C语言程序设计的过程。希望读者通过本教材的学习，能够理解C语言的核心概念，如变量、数组、函数、指针、文件等，同时也能够理解和实现基本的算法和数据结构，在掌握C语言程序设计基础知识的同时，提升解决问题的能力。期待读者在学习过程中能够积极思考、勇于实践，将C语言作为一种工具，用于解决现实世界的问题。

本教材共7个项目，主要内容包括学习C语言开发环境搭建、学习C语言数据类型、学习C语言数据处理、学习C语言程序结构、学习C语言的模块化处理、学习C语言指针、学习C语言文件等。

本教材的编写团队由经验丰富的计算机程序设计教师和工程师组成，他们在长期的教学和实践中不断总结和提高，将C语言程序设计的知识点进行了系统化的梳理和整合。本教材不仅适合大中专院校的师生使用，也适合参加各类计算机程序设计比赛的选手们参考。

最后，感谢所有为本教材出版做出贡献的同仁们，正是由于他们的热心支持和辛勤工作，才使得本教材能够按时出版。相信通过这本教材的学习，读者们一定能够掌握C语言程序设计的基本知识和技能，为日后的学习和工作打下坚实的基础。

编　者

2024年4月

目　　录

项目1 学习C语言开发环境搭建

任务1：了解C语言

学习情境1：了解C语言的诞生

C语言是由B语言发展而来的，它的根源可以追溯到ALGOL 60程序设计语言，但因为B语言只有单一的字符类型和功能，以及过于简单等原因而未能流行。1972—1973年，贝尔实验室的Dennis M. Ritchie和Brian W. Kernighan对B语言进一步改进，设计出C语言。C语言充分吸收了BCPL和B语言的优点(精练，接近硬件)，同时也克服了它们的缺点(过于简单、数据无类型、功能较差等)。1973年，两人合作用C语言改写了UNIX操作系统90%以上的内容，即UNIX第5版(以前的UNIX系统是两人用汇编语言编写的)。

随后，贝尔实验室对C语言进行了多次改进。1975年，随着UNIX第6版公布，C语言受到人们普遍关注，它的突出优点得到计算机界的认可。C语言可以独立于UNIX操作系统和PDP机存在，并且可以移植到各种大、中、小、微型计算机上，这使得UNIX操作系统得到普遍推广。随着UNIX操作系统的日益广泛使用，C语言也迅速发展。因此可以说，C语言和UNIX是一对孪生兄弟，相辅相成。

1978年，Dennis M. Ritchie和Brian W. Kernighan合作编写了经典著作*The C Programming Language*，书中详细阐述了C语言，人们把它称为标准C，它是目前所有C语言版本的基础。C89是最早的C语言规范，于1989年提出，1990年先由ANSI(American National Standards Institute，美国国家标准委员会)推出ANSI版本，后来被接纳为ISO国际标准(ISO/IEC 9899：1990)，因而有时也称为C90。C89是目前最广泛采用的C语言标准，大多数编译器都完全支持C89，C99(ISO/IEC 9899：1999)是在1999年推出的，加入了许多新的特性。

在C语言的基础上，1983年又由贝尔实验室的Bjarne Stroustrup推出了C++。C++进一步扩充和完善了C语言，成为一种面向对象的程序设计语言。C++提出了一些更为深入的概念，它所支持的面向对象的概念容易将问题空间直接地映射到程序空间，为程序员提供了一种与传统结构程序设计不同的思维方式和编程方法。C++语言和C语言在很多方面是兼容的。因此，掌握了C语言，再进一步学习C++就能以一种熟悉的语法来学习面向对象的语言，从而达到事半功倍的效果。

学习情境2：了解C语言的特点

C语言是使用最广泛的高级语言之一，具有以下几方面特点。

1. C语言简洁、紧凑,编写的程序短小精悍

C语言只有32个关键字和9种控制语句,不但语言的组成精练、简洁,而且使用方便、灵活。

2. C语言的运算符和数据结构丰富,表达能力强

C语言提供了34个运算符,运算类型极其丰富,能实现各种复杂数据类型的数据运算,并引入了指针概念,使程序效率更高。

3. C语言是一种结构化程序设计语言

C语言提供了结构化语言所要求的三种基本结构:顺序、选择(又称分支)和循环结构,这种结构化方式使程序层次清晰,便于使用、维护和调试。C语言程序由多个函数组成,程序易于模块化。C语言提供了某些接近汇编语言的功能,如直接访问内存物理地址、二进制位运算等,为编写系统软件提供了便利条件。

4. C语言可移植性好

在C语言提供的语句中,没有直接依赖于硬件的语句。与硬件有关的操作,如数据的输入、输出等都是通过调用系统提供的库函数来实现的,而这些函数本身并不是C语言的组成部分。因此用C语言编写的程序很容易在平台间移植。

5. C语言生成代码质量高,程序执行效率高

一般只比汇编程序生成的目标代码效率低10%~20%。

当然,C语言本身也存在一些缺点,如丰富的运算符导致运算优先次序与结合性复杂化,代码难以理解;某些程序表达方面的自由与灵活性其实也说明了其语法不严格,可能造成难以发现的程序错误;一些符号具有多义性(如*、& 等),只能在上下文中才能确定其含义。尽管C语言仍存在着这样或那样的不足之处,但它仍然是一种颇为有效的、功能强大的程序设计语言。

任务2:掌握C语言程序

学习情境1:掌握C语言基本结构

通过简单C语言程序示例,展现出C语言源程序在组成结构上的特点。虽然有关内容还未介绍,但可以从例子中了解到C源程序的基本部分和书写格式,感受C语言进行程序设计的方法和思想。

【例1-1】 在屏幕上显示"Hello World!"。

源代码:

```
/* 显示"Hello World!" */
#include <stdio.h>                    /* 编译预处理命令 */
int main( )                           /* 调用main函数 */
{
    printf("Hello World!\n");         /* 调用输出函数,输出文字 */
    return 0;                         /* 返回整数0 */
}
```

运行结果:

```
Hello World!
```

下面对这个程序逐行进行解释。

第 1 行："/ * 显示"Hello World!" * /"。

这是程序的注释文本，文本包含在符号/ * 和 * /之间，多行文本也可以用/ * 和 * /包含进来。注释文本是对程序代码的功能解释，当程序比较复杂时，必要的注释文本可以增加程序的可读性。注释文本不参与程序运行。

第 2 行："#include < stdio.h >"。

这是一条编译预处理命令，由于程序中使用了 printf 函数，该函数是 C 语言提供的标准输入输出函数，在系统文件"stdio.h"中声明。

注意：编译预处理命令的末尾不加分号。

第 3 行："int main( )"。

调用 main 函数，本程序中只有一个主函数，名称为 main(以后简称为 main 函数)。任何一个 C 程序中有且只有一个 main 函数，C 程序总是从 main 函数开始执行，并且在 main 函数中结束。

第 4 行：一对花括号{}，是一个函数结构的必要组成部分，将函数体代码写在其中。

第 5 行："printf("Hello World!\n");"。

printf 是标准输出函数，调用该函数，以分号结尾。它的作用是将双引号里的内容输出在屏幕上，"\n"是回车符号，表示其后面的内容换行输出。

C 语言中函数的调用格式为

```
函数名(参数列表);
```

注意：C 语言的所有语句都以分号结尾，表示语句执行结束。

第 6 行："return 0;"。

结束 main 函数的执行，并向系统返回一个整数 0。如果 main 函数返回 0，说明程序运行正常；如果返回其他数字，则用于表示各种不同的错误信息，系统可以通过检查返回值来判断程序是否运行成功。

【例 1-2】 从键盘输入两个整数，输出其中的较大数。

源代码：

```
#include <stdio.h>
int max(int x, int y)                    /* 定义 max 函数,形式参数 x,y 为整型 */
{
    int z;
    if(x > y) z = x;
    else z = y;
    return(z);                           /* 将 z 的值返回,通过 max 带回调用位置 */
}
int main( )
{
    int a,b,c;
    printf("输入两个数: ");
    scanf("%d %d",&a,&b);
    c = max(a,b);                        /* 调用 max 函数 */
```

```
    printf("结果为: %d\n",c);
    return 0;
}
```


运行结果：

```
输入两个数: 5 8↙
结果为: 8
```

程序的功能是从键盘输入两个整数 a 和 b，求其中较大者，然后输出结果。通过这个程序，了解代码的结构框架。

(1) C 程序是比 C 源文件更大的概念，一个 C 程序可由一个或多个源文件组成。一个 C 源文件可以包含多个 C 函数。最简单的 C 程序是只包含一个 main 函数的源文件。

(2) 该 C 程序包含一个源文件，其中有两个函数，一个是 main 函数，一个是名为 max 的用户自定义函数。main 函数的函数名是系统规定的，用户不能更改，但用户可以定义 main 函数的功能。用户自定义函数名和功能由用户自己设计编写。

(3) 一个 C 程序总是从 main 函数开始执行并结束于 main 函数。该程序由 main 函数开始执行，期间调用 max 函数，max 函数执行结束后返回 main 函数中。此处，main 是主调函数，max 是被调用函数，函数间存在调用和被调用的关系。

学习情境 2：掌握 C 程序的编写与运行

编辑好程序后，需要用一种称为"编译程序"的软件，把用高级语言编写的源程序翻译成目标程序，然后将该目标程序与一些系统函数和其他目标程序连接起来，形成可执行的目标程序。在这个过程中，大致分为编辑、编译、连接和执行 4 个阶段，如图 1-1 所示。

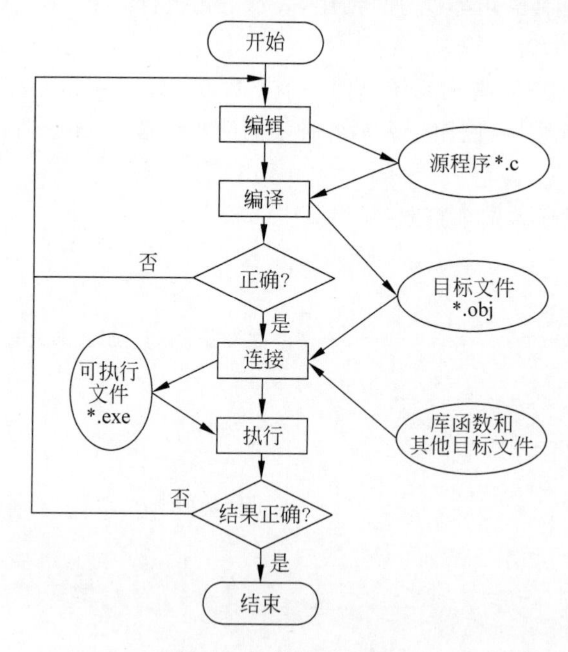

图 1-1　C 程序开发过程

1. 编辑程序

在对实际求解问题进行分析和算法设计后，就可以编写程序了。在编程环境中，新建文件，进入编辑状态直接编写程序，对于C语言来说，生成的源文件扩展名通常为.c，程序编写完成后保存文件。

2. 编译

编辑好程序后，应该对源程序进行编译，通过编译工具，转换为目标文件(扩展名为.obj)。编译过程就是把预处理完的文件进行一系列的词法分析、语法分析、语义分析以及优化后产生相应的机器代码文件，并形成一个目标文件。如果出错，则必须返回编辑程序步骤对源程序进行修改，直到没有错误为止。

3. 连接

将目标文件连接成可执行文件(文件扩展名为.exe)。这时会对文件关联进行检查。如果出错，需要返回编辑程序步骤对源程序进行修改，并重新编译，直到没有错误为止。

4. 运行与调试

如果经过测试，运行可执行文件达到预期设计目的，C程序的开发工作便到此完成了。如果运行出错，说明程序处理的逻辑存在问题，需要再次回到编辑环境针对程序出现的逻辑错误进一步检查、修改源程序，重复编辑→编译→连接→运行的过程，直到取得预期结果为止。

如果程序有语法错误就需要对程序进行调试。调试是在程序中查找错误并修改错误的过程。调试程序一般应经过以下几个步骤。

(1) 先进行人工检查，即静态检查。

(2) 在人工检查无误后，再上机调试。

(3) 在改正语法错误(包括“错误”(error)和“警告”(warning))后，程序经过连接(link)就得到可执行文件。

(4) 运行结果错误，大多属于逻辑错误。对这类错误往往需要仔细检查和分析才能发现。

例如，复合语句忘记写花括号{}，只要一对照就能很快发现。如果实在找不到错误，可以采用设置断点和观察变量的方法进行调试。

① 设置断点(break point setting)：可以在程序的任何一条语句上做断点标记，程序运行到这里时会停下来。

② 观察变量(variable watching)：当程序运行到断点停下来后，可以观察各种变量的值，判断此时的变量值是不是和预期的一致。如果不是，说明该断点之前肯定有错误。

③ 单步跟踪(trace step by step)：一步一步跟踪程序的执行过程，同时观察变量值的变化。

(5) 如果在程序中没有发现问题，就要检查算法有无问题。

(6) 大部分编译系统还提供Debug(调试)工具，跟踪程序并给出相应信息，使用更为方便，可查阅有关手册详细了解。

任务3：搭建C语言的开发环境

Visual Studio 2022是微软公司开发的集成开发环境，它用于编写和调试多种语言的代码，包括C、C++、C#、Java、Python、JavaScript等。Visual Studio 2022被广泛用于开发Windows应用程序、Web应用程序和游戏等。

Visual Studio 2022在设计和构建应用程序方面提供了全面的工具和服务，包括代码编辑器、调试器、编译器、代码库管理工具等。此外，Visual Studio 2022还提供了对多种数据库的集成访问，如SQL Server、MySQL和Oracle等。

Visual Studio 2022还支持多种平台和设备，包括Windows、iOS、Android、macOS等。它还支持云开发，可以轻松地创建和部署云应用程序。Visual Studio 2022是一个功能强大、易于使用的开发工具，适用于各种开发需求。

学习情境1：安装Visual Studio 2022开发环境

（1）进入官网 https://visualstudio.microsoft.com/zh-hans/downloads/，如图1-2所示，选择Community，单击“免费下载”按钮。

图1-2　Visual Studio 2022官网

（2）如图1-3所示，在下载路径单击VisualStudioSetup进行安装。

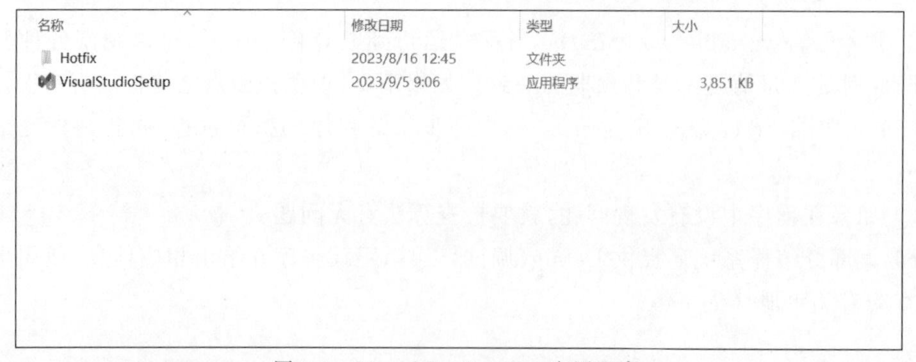

图1-3　Visual Studio 2022应用程序

(3) 单击“继续”按钮,如图 1-4 所示。

图 1-4 Visual Studio Installer 安装

(4) 如图 1-5 所示,等待 Visual Studio 2022 安装程序完成。

图 1-5 Visual Studio 2022 安装过程

(5) 进去后出现主界面,在勾选组件这栏,可以考虑一下安装的位置,系统一般默认安装到 C 盘,但有时 C 盘负荷太大也可以调整到别的地方(建议还是默认安装):如果仅仅是写 C++或 C 的代码,按照图 1-6 中设置就应该够用,然后单击“安装”按钮,进行安装。

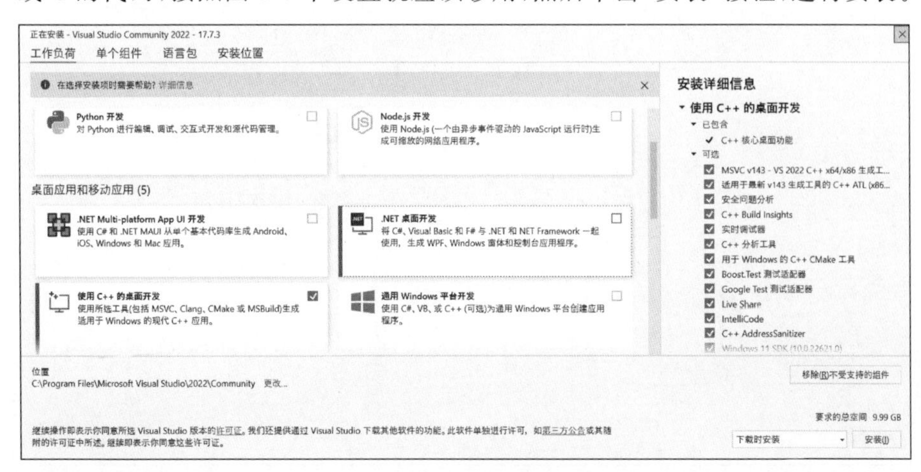

图 1-6 Visual Studio 2022 安装

(6) 在单击"安装"按钮之后,界面如图 1-7 所示,等待一段时间就安装好了。

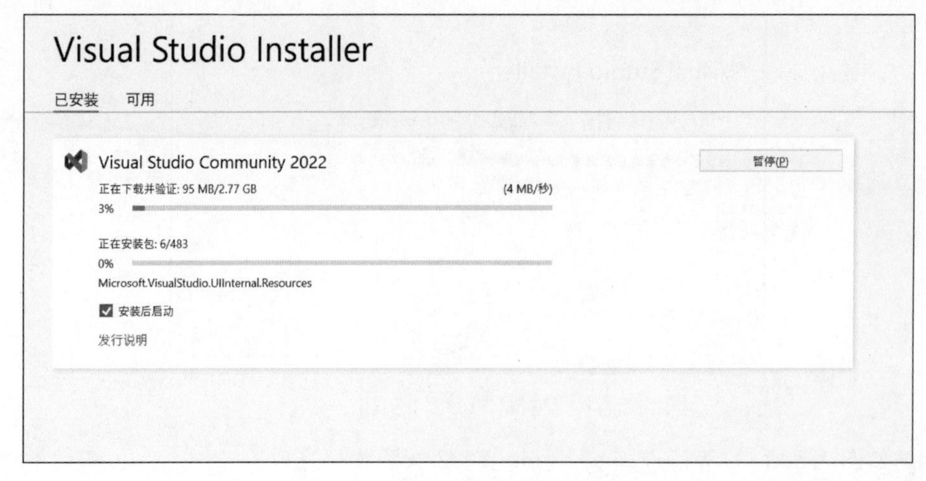

图 1-7 Visual Studio 2022 下载安装

学习情境 2:熟悉 C 语言的开发过程

(1) 在安装完 Visual Studio 2022 后,在桌面或者"开始"菜单栏中单击 Visual Studio 2022 图标,如图 1-8 所示,启动 Visual Studio 2022。

图 1-8 Visual Studio 2022 图标

(2) 启动 Visual Studio 2022 后,单击"创建新项目"按钮进行项目的创建,如图 1-9 所示。

(3) 如图 1-10 所示,单击"空项目"按钮,进行 C 或者 C++项目的创建,然后单击"下一步"按钮。

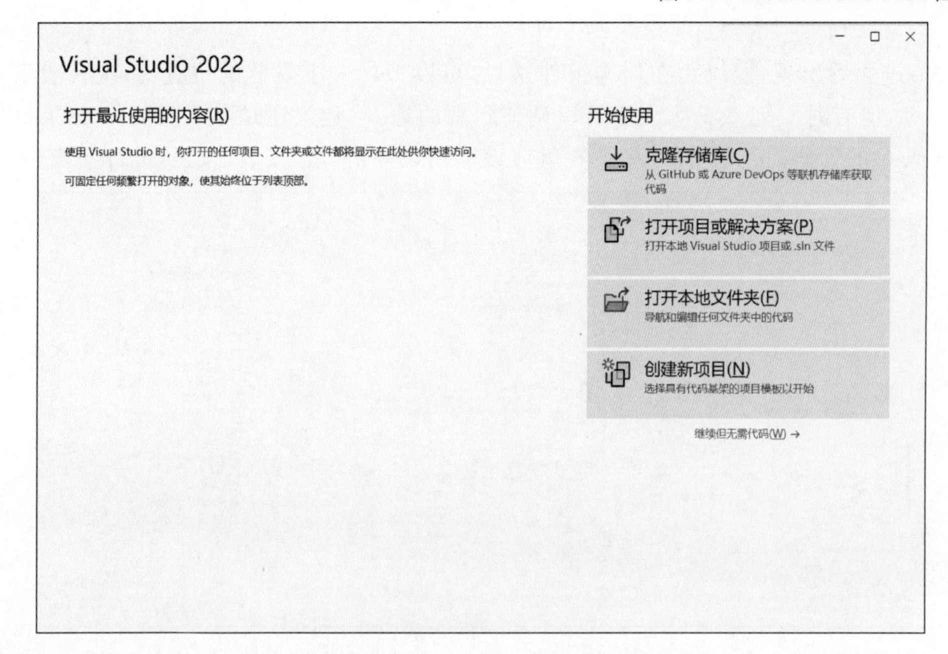

图 1-9 Visual Studio 2022 创建项目

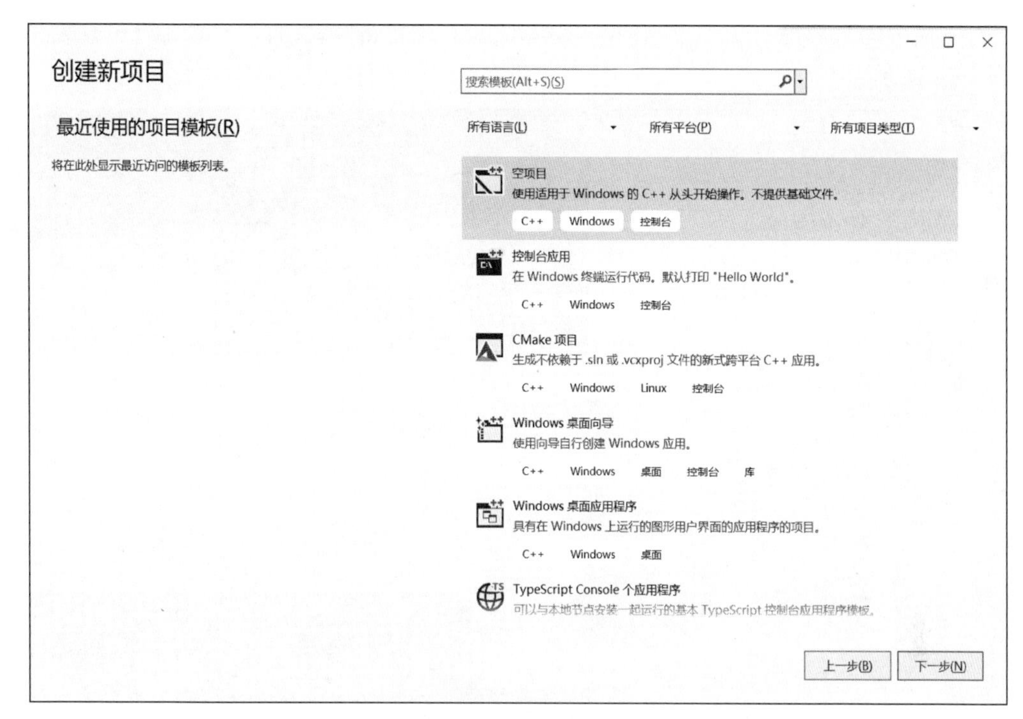

图 1-10　Visual Studio 2022 创建 C 或者C++项目

（4）进入配置新项目的界面，项目信息填写完毕之后单击“创建”按钮，就可以建立一个空的 C 语言项目了。这里“项目名称”建议用英文不要用中文，并且遵循驼峰命名法的规则，项目位置最好不要放在 C 盘，并且存放路径中应该避免中文的出现，如图 1-11 所示。

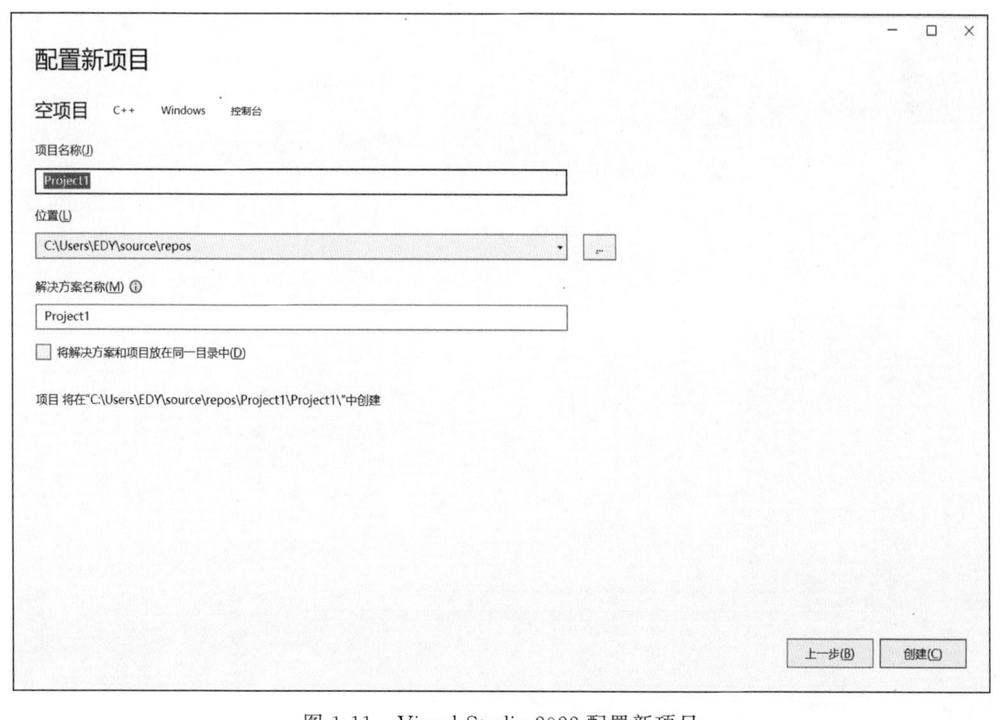

图 1-11　Visual Studio 2022 配置新项目

(5) 配置完成后就有了一个空的.c工程,之后右键单击"源文件"→"添加"→"新建项",如图1-12所示。

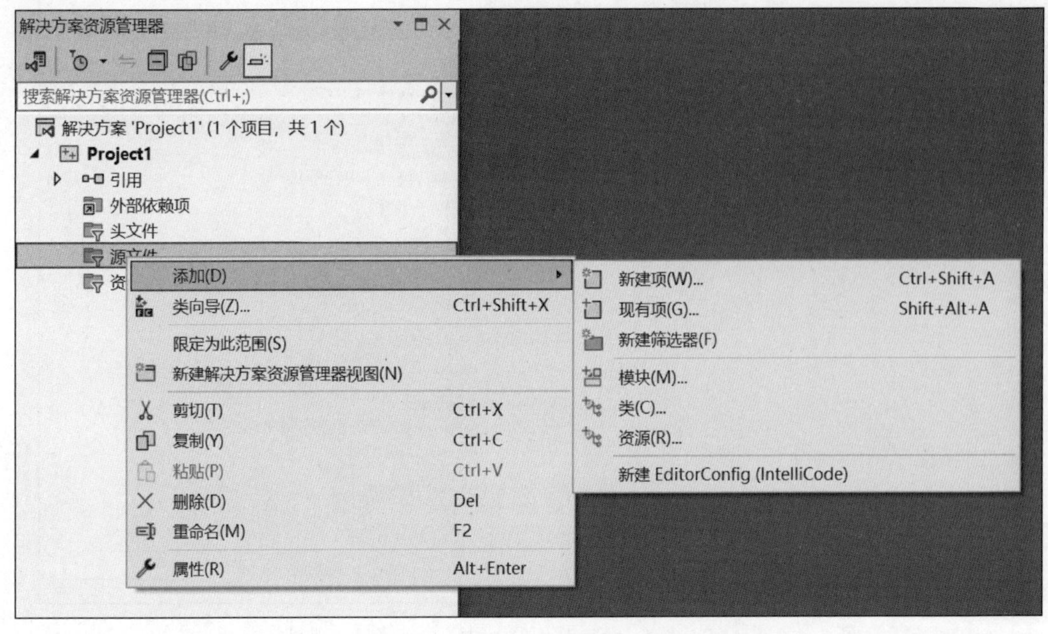

图1-12　Visual Studio 2022新建C语言程序项目

(6) 选择"C++文件",注意在名称处要将后缀.cpp改为.c,如图1-13所示。

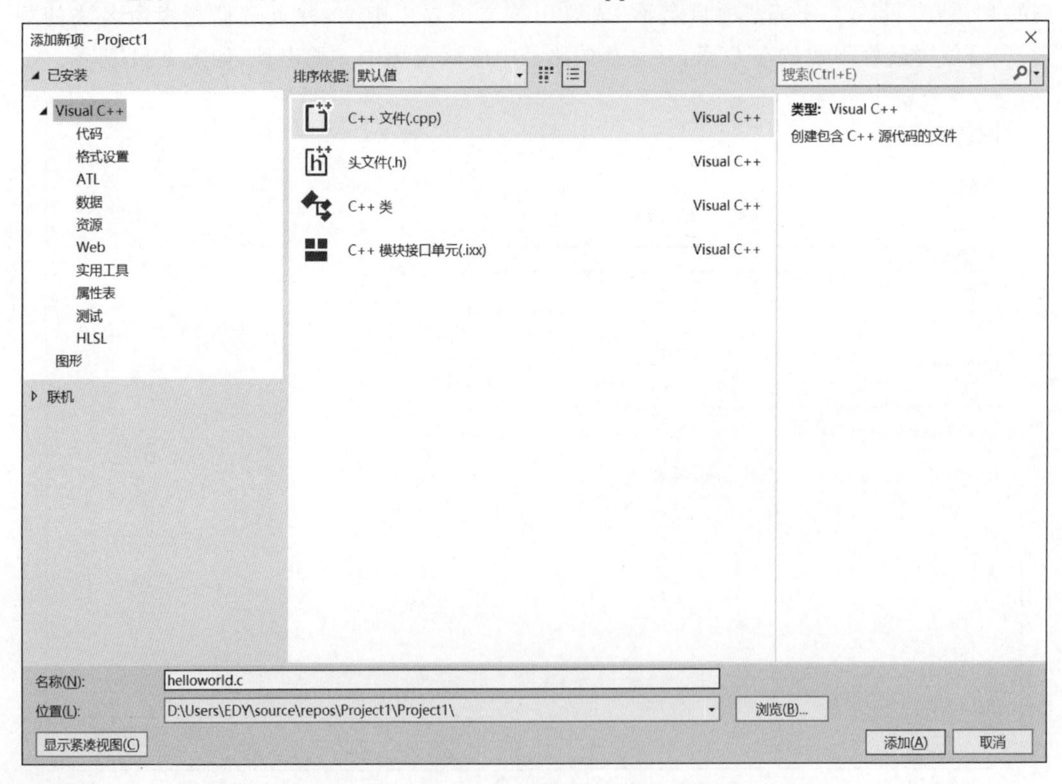

图1-13　新建C++文件

(7) 按照以上步骤,就完成了一个C语言程序项目的创建。接下来,可在空白处书写C语言程序,如图1-14所示。

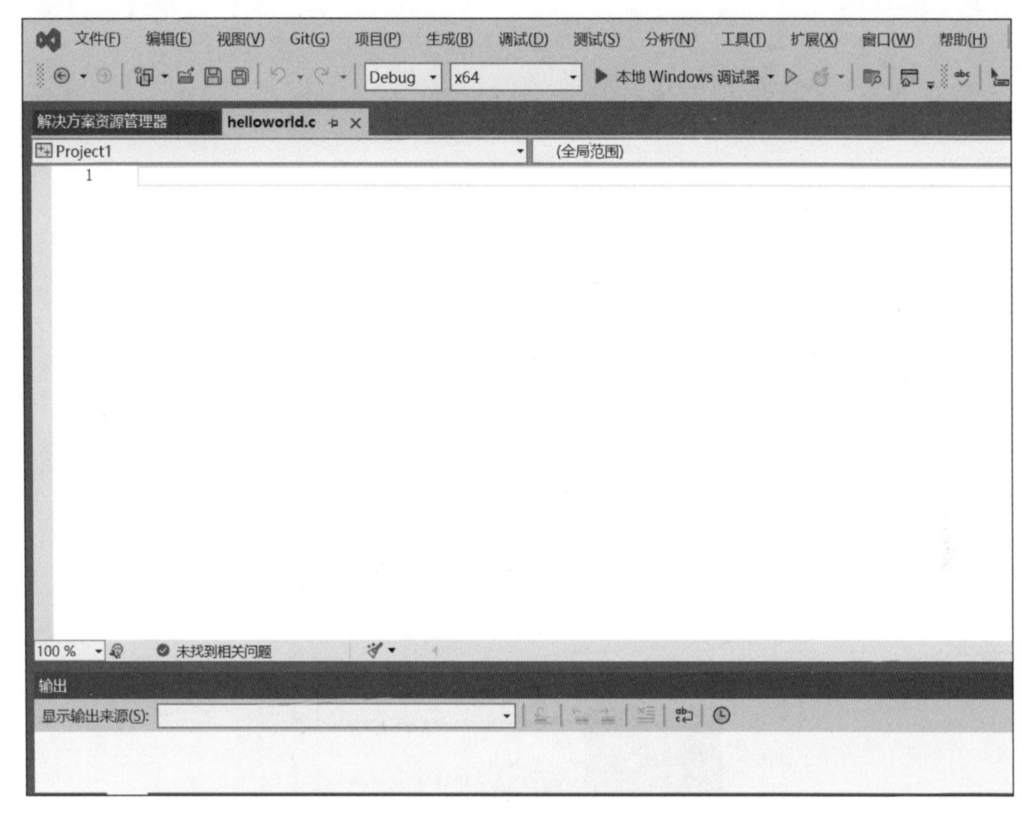

图1-14　书写C语言程序窗口

学习情境3: 安装与使用 EasyX 的图形库

EasyX是针对C/C++的图形库,可以帮助使用C/C++语言的程序员快速上手图形和游戏编程。EasyX封装了Windows的底层图形API,使得程序员能够通过简单的函数调用,完成复杂的图形和游戏编程任务。

使用EasyX可以绘制各种几何图形,如直线、圆、矩形等,还可以实现图形的移动、旋转和缩放等变换。此外,EasyX还提供了对音频、键盘、鼠标等输入设备的支持,可以用于开发各种多媒体应用和游戏。

EasyX的安装非常简单,支持多种版本的Visual Studio,下载解压后,直接执行安装程序即可。设置当前用于绘图的设备后,所有的绘图函数都会绘制在该设备上。

总体来说,EasyX是一个简单易用的图形库,可以帮助初学者快速上手图形和游戏编程。

(1) 在浏览器中输入"https://easyx.cn/",进入网站的首页后,单击"下载EasyX"按钮,进行EasyX程序的下载,当前最新版为"EasyX_2023大暑版",如图1-15所示。

(2) 下载完成后,单击"EasyX_2023大暑版.exe"应用程序进行安装,如图1-16所示。

(3) 单击"下一步"按钮,如图1-17所示。

图 1-15　下载 EasyX

EasyX_2023大暑版.exe

图 1-16　安装 EasyX

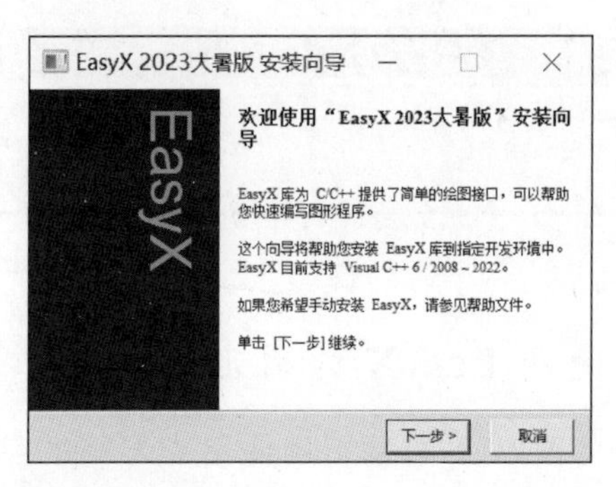

图 1-17　安装向导

（4）在 Visual C++ 2022 栏处，单击"安装"按钮，出现"安装成功"字样表示安装成功，如图 1-18 所示。

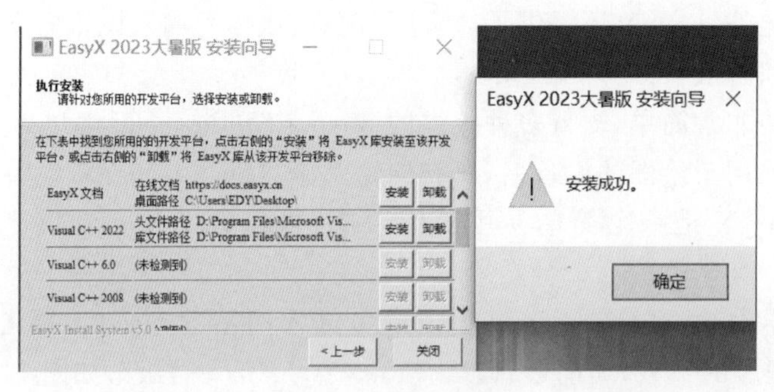

图 1-18　安装成功

应用实例

应用实例1：编写简单的C语言程序

(1) 参照"熟悉C语言开发过程"的步骤，创建一个Helloworld.c的C语言程序，在空白处输入以下代码。

```
#include <stdio.h>
int main()
{
        printf("Hello, World! \n");
    return 0;
}
```

(2) 输入以上代码完后，单击"本地Windows调试器"按钮，查看程序运行的结果，如图1-19所示。

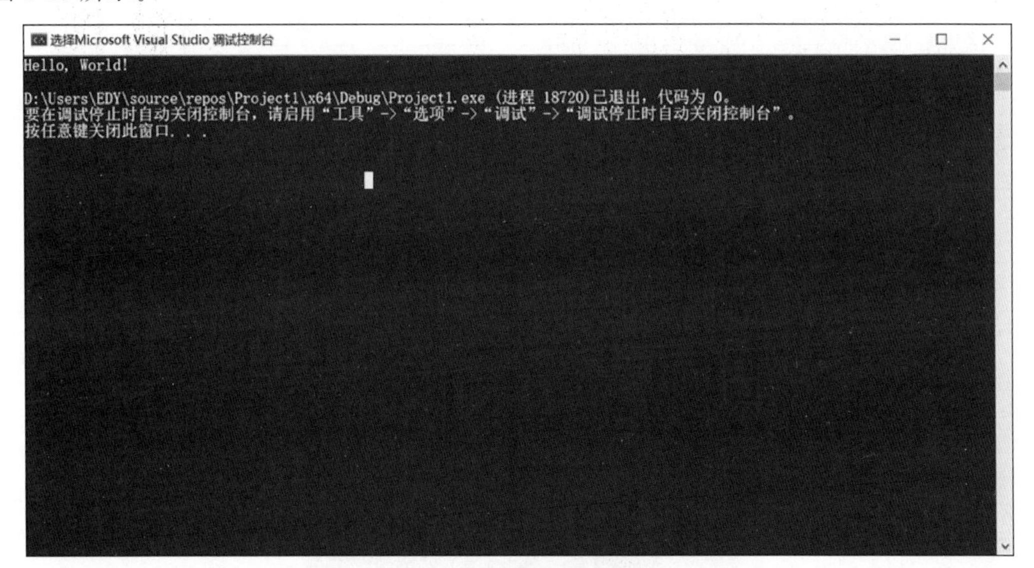

图1-19　程序运行的结果

应用实例2：编写一个应用EasyX的C语言程序

(1) 创建一个C++程序，然后输入以下代码。

```
#include <graphics.h>                        //引用图形库头文件
#include <conio.h>
int main()
{
    initgraph(400, 400);                     //创建窗口大小为640×480px
    circle(200, 200, 100);                   //画圆，圆心为(200,200)，半径为100
    outtextxy(170, 200, _T("贵电院，欢迎您!"));
    _getch();                                //按任意键继续，防止闪退
    closegraph();                            //关闭绘图窗口
    return 0;
}
```

(2) 输入以上代码后，单击“本地 Windows 调试器”按钮，如图 1-20 所示。

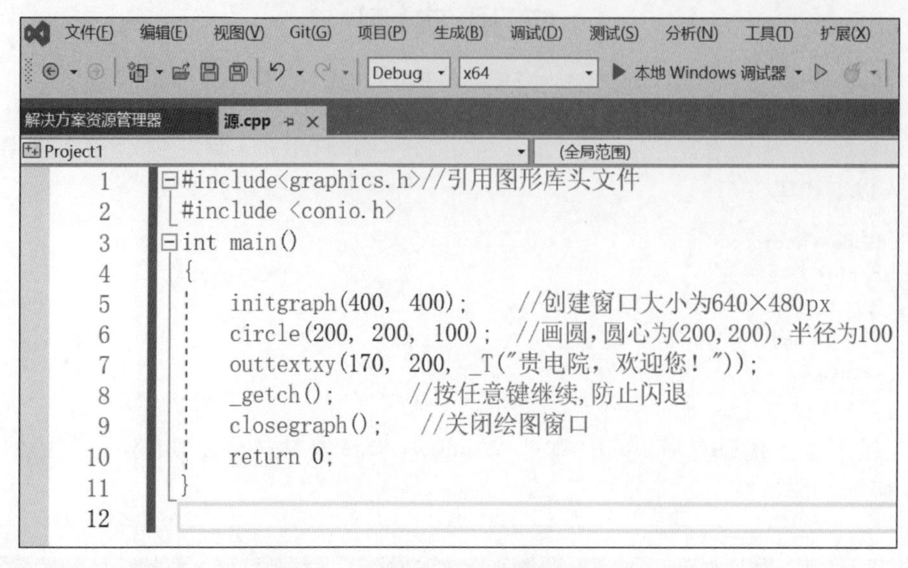

图 1-20　运行程序

(3) 单击“Windows 调试器”后，出现如图 1-21 所示结果。

图 1-21　运行结果

习　　题

一、单项选择题

1. 以下叙述正确的是(　　)。

   A. C 语言比其他语言高级

   B. C 语言可以不用编译就能被计算机识别执行

   C. C 语言的表达形式接近英语国家的自然语言和数学语言

   D. C 语言出现的时间最晚，具有其他语言的一切优点

2. 以下说法正确的是(　　)。

A. C 语言程序总是从第一个函数开始执行

B. 在 C 语言程序中,要调用的函数必须在 main 函数中定义

C. C 语言程序总是从 main 函数开始执行

D. C 语言程序中的 main 函数必须放在程序的开始部分

3. 以下叙述不正确的是(　　)。

A. 一个 C 源程序可由一个或多个函数组成

B. 一个 C 源程序必须包含一个 main 函数

C. C 程序的基本组成单位是函数

D. 在 C 程序中,注释说明只能位于一条语句的后面

4. 以下叙述中正确的是(　　)。

A. C 程序中注释部分可以出现在程序中任意合适的地方

B. 花括号“{”和“}”只能作为函数体的定界符

C. 构成 C 程序的基本单位是函数,所有函数名都可以由用户命名

D. 分号是 C 语句之间的分隔符,不是语句的一部分

5. 以下叙述中正确的是(　　)。

A. C 语言的源程序不必通过编译就可以直接运行

B. C 语言中的每条可执行语句最终都将被转换成二进制的机器指令

C. C 语言程序经编译形成的二进制代码可以直接运行

D. C 语言中的函数不可以单独进行编译

6. (　　)是 C 语言程序的基本单位。

A. 语句　　　　B. 函数

C. 代码中的一行　　　　D. 以上答案都不正确

7. C 语言源程序文件的扩展名是(　　),经过编译连接后生成的可执行程序文件的扩展名是(　　)。

A. c,exe　　B. cpp,dsp　　C. c,obj　　D. cpp,obj

8. 一个最简单的 C 程序至少应包含一个(　　)。

A. 用户自定义函数　　　　B. 语句

C. main 函数　　　　D. 编译预处理命令

二、简答题

1. 什么是程序? 什么是程序设计?

2. 汇编语言与高级语言有什么区别?

3. 简要介绍 C 语言的特点。

4. 程序设计有哪些主要步骤?

5. 叙述一个 C 程序的构成。

6. 运行一个 C 语言程序的一般过程。

三、程序设计题

1. 编写一个程序,输出“How are you.”,并上机运行。

2. 参照例 1-1 编写程序,使其输出结果为

```
   *
  ***
 *****
*******
```

项目 2 学习 C 语言数据类型

任务 1：掌握 C 语言的基本数据类型

学习情境 1：掌握常量和变量

1. 常量

常量是指在程序运行过程中不会被程序修改的量。在 C 语言中，常量通常可分为整型常量、实型常量（浮点常量）、字符常量、字符串常量、符号常量等。其中整型常量和实型常量通常称为数值常量。

1）整型常量

通常的整数包括正整数、负整数和 0，分为十进制整型常量、八进制整型常量、十六进制整型常量三种表现形式。

(1) 十进制整型常量：可用数字 0～9 及正（＋）、负（－）号进行表示，例如，－30、7、12 等。

(2) 八进制整型常量：通常八进制整型常量为无符号常量，无正负之分。用数字 0 作为前缀，后接数字 0～7 进行表示，例如，0257、047 等。

(3) 十六进制整型常量：C/C++规定，十六进制整型常量必须以 0x 开头，后接数字 0～9 和字母 A～F(a～f)表示，其中，A～F(a～f)表示 10～15。十六进制是一种逢 16 进 1 的进位制。例如，0x36、0x7c 等。

2）实型常量

C 语言中通常将实型常量分为小数形式和指数形式，两种形式均可称为浮点数或实数。

小数形式：通常由数字和小数点两部分组成，例如，2.1、－30.7、8.0 等。可用正（＋）、负（－）号区分。

指数形式：用科学记数法进行表示的小数形式即可称为指数形式。通常表示为公式 aE(e)±b，其中，a 为数值部分，b 为指数且只能是整数。例如，7.23E＋12 为 7.23×10^{12}、6.51e－4 为 6.51×10^{-4}。

3）字符常量

字符常量是用一对单引号括起来的单个字符，如'a'、'2'、'A'。

注意：单引号是字符常量的定界符，不是字符常量的一部分。当输出一个字符常量时不输出单引号。不能用双引号来代替单引号，如"a"不是字符常量。但是单引号中的字符不能是单引号或反斜杠，如'''或'\'不是合法的字符常量。

字符常量中还有一类是转义字符常量，以反斜杠开始后跟一个字符表示特殊的含义。常用的转义字符及其含义如表 2-1 所示。

表 2-1 常用的转义字符及其含义

转义字符	转义字符的含义	ASCII 代码
\n	回车换行	10
\t	横向跳格，横向跳到下一输出区（每个输出区为 8 个字符位置）	9
\v	竖向跳格	11
\b	退格	8
\r	回车（回到本行起始字符位置）	13
\f	走纸换页	12
\\	反斜线符\	92
\'	单引号符	39
\"	双引号符	34
\a	鸣铃	7
\ddd	1～3 位八进制数所代表的字符，如\101 表示字符 A	0ddd
\xhh	1～2 位十六进制数所代表的字符，如\x42 表示字符 B	0xhh

字符常量在内存中的存储形式为该字符的 ASCII 码值，每个字符对应的 ASCII 码值请参看附录 A。下面列举一些常用的字符型常量的实例，如表 2-2 所示。

表 2-2 字符型常量实例

字 符	ASCII 码	说 明
'a'	97	字母'a'
'A'	65	字母'A'，和对应小写 ASCII 码值相差 32
' '	32	空格字符
'0'	48	字符'0'，注意字符'0'和数字 0 不相同。字符'0'的值为 48，是字符型常量，数字 0 的值为 0，是整型常量
'\106'	70	字母'F'。\ddd 形式的转义字符，ASCII 码对应字符为 F
'\x54'	84	字母'T'，\xhh 形式的转义字符，对应 ASCII 码为 84，查阅附录 A，对应的字符为'T'

4）字符串常量

字符串常量是指用一对双引号括起来的零个或多个字符序列，如"hello"，"how are you?"，""（""内无字符时为空串）。

如果字符串本身包含双引号等特殊字符，就需要有转义字符来实现。例如：

```
Printf("This is\"Gao xing\"\n");
```

输出的结果为

```
This is "Gao xing "
```

字符串中的字符个数称为字符串的长度，转义字符的长度被看作 1 个字符，所以字符串“This is Gao xing”的长度为 17。

注意：字符常量和字符串常量在存储时是不同的。字符串常量除了存储相应的字符外，系统还会自动在字符串结尾处加一个结束符“\0”作为结束标志。字符串"miss"在内存中存储如下。

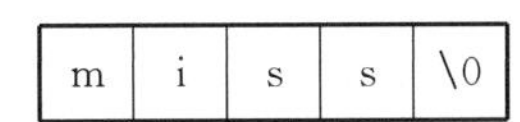

要特别注意字符常量与字符串常量的区别。例如,'S'是一个字符常量,而"S"则是一个字符串常量,它们的存储形式分别如下。

S

S	\0

但是,字符型数据在计算机内存中本不是存放字母本身,而存放的是字符所对应的ASCII码值。一个字符所对应的ASCII码见附录A。

5) 符号常量

用一个特定的符号来代替一个常量或一个较为复杂的字符串,这个符号称为符号常量。它通常由预处理命令#define来定义。符号常量一般用大写字母表示,以便与其他标识符区别。符号常量的一般定义形式为

```
#define  符号常量标识符  常量值(或"字符串")
```

例如:

```
#define PI 3.14159
#define M 10
```

2. 变量

变量是指在程序运行过程中其值可以改变的量。描述变量要从三方面:类型、变量名、值,即变量的三要素。例如,int x=6表示变量的类型为int,变量名为x,变量的值为6。

1) 标识符

标识符是给变量、常量、函数、数组、结构体,以及文件所起的名字。可以由程序设计者指定,也可以由系统指定。

C语言中的标识符命名规则为:由字母、数字和下画线组成,且必须由字母或下画线开头。例如,sum、pi、ave*、8等都是不合法的变量名。

C语言有31个关键字,它们已有专门的定义,用户不能使用。

系统内部使用了一些用下画线开头的标识符(如__fd、__cleft、__mode),以防止与用户定义的标识符冲突,建议在定义标识符时,尽量不用下画线开头。

C语言区分大小写,同一字符的大小写将被认为是两个不同的标识符。例如,sum和SUM是两个不同的标识符。

在定义标识符时,建议遵循下面的原则。

(1) 尽量"见名知义",以增加可读性,如sum,area,score,name等。

(2) 变量名、函数名用小写,符号常量用大写。

(3) 在容易出现混淆的地方尽量避免使用容易认错的字符。例如:

```
0(数字)—O(大写字母)—o(小写字母)
1(数字)—I(i的大写字母)—l(L的小写字母)
```

2) 变量的定义

在C语言中,所有使用的变量必须先定义,后使用。定义变量的宗旨是在内存中给变量分配相应的存储单元。

一般形式为

```
类型说明符 变量 1[,变量 2,…];
```

例如：

```
int a,b,c;                     /* 定义 a,b,c 均为整型变量 */
float d;                       /* 定义 d 为浮点型变量 */
char ch;                       /* 定义 ch 为字符型变量 */
```

(1) 初始化。

C 语言允许在定义变量时给变量一个值，称为变量的初始化。

一般形式为

```
类型说明符 变量 1[=初值],变量 2=[初值,…];
```

例如：

```
int x=5,y=10;
float a,b=13.5;
```

(2) 赋值。

C 语言中赋值操作由运算符“=”来完成，一般形式为

```
变量=表达式;
```

说明：

① “=”是赋值号，不是等于号。C 语言中的等号用“==”来表示。

② 赋值运算的方向为自右向左，即将“=”右侧表达式的值赋给“=”左侧的变量。执行步骤为先计算(表达式的值)再(向变量)赋值。

例如：

```
int a=5,b;
b=a;                           /* 把 a 的值赋给 b */
b=a=3+5;                       /* 先将 3+5 即 8 赋值给 a,再把 a 的值赋给 b */
d=c=b=a=3+5;
```

学习情境 2：掌握数值类型

数据是程序的重要组成部分，也是程序处理的对象。数据的存储空间大小以及表示形式、取值范围、运算方式，都与数据类型是分不开的。C 语言提供了丰富的数据类型，包括基本类型、构造类型、指针类型三大类，如图 2-1 所示。

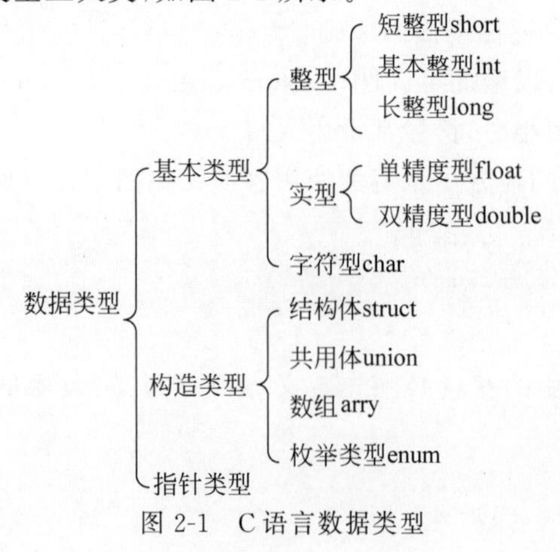

图 2-1　C 语言数据类型

其中，基本类型是C语言系统本身提供的，结构比较简单；构造类型一般是由基本类型按照一定的规则构造而成，结构相对基本类型来说复杂一些；指针类型是一种重要的数据类型，可以表示复杂的数据类型，使用起来非常灵活，但是比较难以理解和掌握。本章只讨论基本数据类型，其他数据类型在后续章节中介绍。

1. 整型

在C语言中，整型是比较常用的数据类型。针对不同的用途，C语言提供了多种整型数据的选择，可分为以下几类。

（1）基本整型。

类型说明符为int，简称为整型，在内存中占2B，其取值范围为－32768～32767。

（2）短整型。

类型说明符为int short或short。所占的字节数和取值范围同基本整型。

（3）长整型。

类型说明符为long int或long，在内存中占4B，其取值范围为－2147483648～2147483647。

（4）无符号型。

类型说明为unsigned。

① 无符号基本型。类型说明符为unsigned int或unsigned。

② 无符号短整型。类型说明符为unsigned short或unsigned short int。

③ 无符号长整型。类型说明符为unsigned long或unsigned long int。

各种整型类型占用的内存空间、取值范围如表2-3所示。

表2-3 整型数据分类

类型标识符	占内存字节数	取值范围	
int	2(16位)	－32768～32767	$(-2^{15}\sim 2^{15}-1)$
unsigned int	2(16位)	0～65535	$(0\sim 2^{16}-1)$
short [int]	2(16位)	－32768～32767	$(-2^{15}\sim 2^{15}-1)$
unsigned short	2(16位)	0～65535	$(0\sim 2^{16}-1)$
long [int]	4(32位)	－2147483648～2147483647	$(-2^{31}\sim 2^{15}-1)$
unsigned long	4(32位)	0～4294967295	$(-2^{15}\sim 2^{15}-1)$

2. 实型

实型数据也称为浮点型数据。在C语言中，实型数据分为单精度(float)、双精度(double)和长双精度(long double)三种。实型数据均为有符号数据，没有无符号实型数据，如表2-4所示。

表2-4 实型数据分类

类　型	类型标识符	字　节	取值范围	十进制精度
单精度	float	4	$-3.4\times10^{-38}\sim3.4\times10^{38}$	7位
双精度	double	8	$-1.7\times10^{-308}\sim1.7\times10^{308}$	15位
长双精度	long double	4	$-3.4\times10^{-4932}\sim3.4\times10^{4932}$	19位

学习情境3：掌握字符类型

字符型数据分为字符型和无符号字符型两种，如表2-5所示。

表 2-5 字符型数据分类

类　型	类型标识符	字　节	取值范围
字符型	char	1	−128～127
无符号字符型	unsigned char	1	0～255

在内存中,一个字符型数据占用 2B(8 位),以 ASCII 码的二进制形式存放。即当我们将一个字符常量(如'a')放到一个字符型变量(如 C)中时,并不是将字符本身('a')放到存储单元(C)中,而是将字符'a'的 ASCII 码值 97 的二进制码放到存储单元(C)中,如下所示。

0	1	1	0	0	0	0	1

数字有时也作为字符来处理,例如,'0'的 ASCII 码值是 48,'1'的 ASCII 码值是 49,'A'的 ASCII 码值是 65,'B'的 ASCII 码值是 66,'a'的 ASCII 码值是 97,'b'的 ASCII 码值是 98。对于同一个字母,其大小写的 ASCII 码值相差 32。只要记住'A'和'a'的 ASCII 码值,就可以推算出其他字母的 ASCII 码值。所以字符型数据与整型数据是通用的。

【例 2-1】 字符型数据与数值型数据通用举例。

```
#include <stdio.h>
void main( )
{
int ch1, ch2;
ch1 = 'a';
ch2 = 97;
printf("ch1 = %c,ch2 = %c\n",ch1,ch2);
printf("ch1 = %d,ch2 = %d\n",ch1,ch2);
}
```

运行结果如图 2-2 所示。

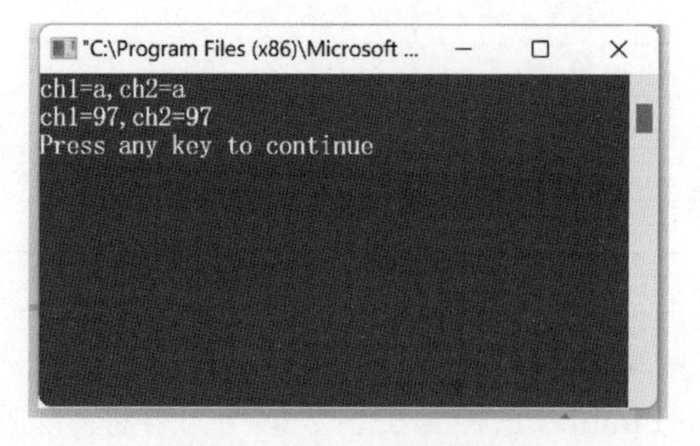

图 2-2 例 2-1 运行结果

任务 2:了解枚举类型

学习情境 1:了解枚举类型取值

枚举是 C 语言中的一种基本数据类型,用于定义一组具有离散值的常量,它可以让数据更简洁、易读。

枚举类型通常用于为程序中的一组相关的常量取名字,以便提高程序的可读性和维护性。

定义一个枚举类型，需要使用 enum 关键字，后面跟着枚举类型的名称，以及用花括号{}括起来的一组枚举常量。每个枚举常量可以用一个标识符来表示，也可以为它们指定一个整数值，如果没有指定，那么默认从 0 开始递增。

枚举语法定义格式为

```
enum  枚举名  {枚举元素 1,枚举元素 2,…};
```

接下来举一个例子。例如，一星期有 7 天，如果不用枚举，需要使用 #define 来为每个整数定义一个别名。

```
#define MON 1
#define TUE 2
#define WED 3
#define THU 4
#define FRI 5
#define SAT 6
#define SUN 7
```

这样看起来代码量就比较多，接下来看看使用枚举的方式。

```
enum DAY
{
      MON = 1, TUE, WED, THU, FRI, SAT, SUN
};
```

这样看起来就更简洁了。

注意：第一个枚举成员的默认值为整型的 0，后续枚举成员的值在前一个成员上加 1。在这个实例中把第一个枚举成员的值定义为 1，则第二个就为 2，以此类推。

可以在定义枚举类型时改变枚举元素的值：

```
enum season {spring, summer = 3, autumn, winter};
```

没有指定值的枚举元素，其值为前一元素加 1。也就是说，spring 的值为 0，summer 的值为 3，autumn 的值为 4，winter 的值为 5。

前面只是声明了枚举类型，接下来看看如何定义枚举变量。

可以通过以下三种方式来定义枚举变量。

(1) 先定义枚举类型，再定义枚举变量。

```
enum DAY
{
      MON = 1, TUE, WED, THU, FRI, SAT, SUN
};
enum DAY day;
```

(2) 定义枚举类型的同时定义枚举变量。

```
enum DAY
{
      MON = 1, TUE, WED, THU, FRI, SAT, SUN
} day;
```

(3) 省略枚举名称,直接定义枚举变量。

```
enum
{
        MON = 1, TUE, WED, THU, FRI, SAT, SUN
} day;
```

```
#include <stdio.h>
enum DAY { MON = 1, TUE, WED, THU, FRI, SAT, SUN };
int main()
{
enum DAY day;
day = WED;
printf(" %d",day);
return 0;
}
```

以上实例输出结果为

```
3
```

在C语言中,枚举类型是被当作 int 或者 unsigned int 类型来处理的,所以按照C语言规范是没有办法遍历枚举类型的。不过在一些特殊的情况下,枚举类型必须连续时可以实现有条件的遍历。

以下实例使用 for 来遍历枚举的元素。

```
#include <stdio.h>
enum DAY { MON = 1, TUE, WED, THU, FRI, SAT, SUN } day;
int main()
{ //遍历枚举元素
for (day = MON; day <= SUN; day++)
{
printf("枚举元素: %d \n", day);
}
}
```

以上实例输出结果为

```
枚举元素: 1
枚举元素: 2
枚举元素: 3
枚举元素: 4
枚举元素: 5
枚举元素: 6
枚举元素: 7
```

以下枚举类型不连续,这种枚举无法遍历。

```
enum
{
    ENUM_0,
    ENUM_10 = 10,
    ENUM_11
};
```

枚举在 switch 中的使用举例如下。

```
#include <stdio.h>
#include <stdlib.h>
int main()
{
enum color { red = 1, green, blue };
enum color favorite_color;                    /* 用户输入数字来选择颜色 */
printf("请输入你喜欢的颜色: (1. red, 2. green, 3. blue): ");
scanf("%u", &favorite_color);                 /* 输出结果 */
switch (favorite_color) {
case red:
printf("你喜欢的颜色是红色");
break;
case green:
printf("你喜欢的颜色是绿色");
break;
case blue:
printf("你喜欢的颜色是蓝色");
break;
default:
printf("你没有选择你喜欢的颜色");
}
return 0;
}
```

以上实例输出结果为

```
请输入你喜欢的颜色: (1. red, 2. green, 3. blue): 1
你喜欢的颜色是红色
```

以下实例将整数转换为枚举。

```
#include <stdio.h>
#include <stdlib.h>
int main()
{
enum day { saturday, sunday, monday, tuesday, wednesday, thursday, friday }
workday;
int a = 1;
enum day weekend;
weekend = ( enum day ) a; //类型转换 //weekend = a; //错误 printf("weekend:%d",weekend);
return 0;
}
```

以上实例输出结果为

```
weekend:1
```

学习情境 2：了解枚举类型的优点

在 C 语言中，枚举类型(enum)是一种用户自定义类型，用于定义一组命名的整数常量。枚举类型有以下几个优点。

(1) 易于理解和使用。枚举类型为相关常量提供了一个易于理解和使用的命名空间。通过为相关常量赋予有意义的名称,可以提高代码的可读性和可维护性。

(2) 类型安全。枚举类型为常量分配了固定的整数值,可以在编译时捕获与这些常量相关的类型错误。例如,如果不小心将一个浮点数值赋给了一个枚举类型的变量,编译器会发出警告或错误。

(3) 减少魔法数值。使用枚举类型可以减少魔法数值(即代码中硬编码的数字),从而提高代码的可读性和可维护性。通过将具有特定意义的数字转换为具名常量,可以更容易地理解代码中数字的含义。

(4) 可扩展性。如果需要添加或删除相关常量,只需修改枚举类型的定义即可。这种灵活性使得枚举类型在应对需求变化时具有良好的可扩展性。

(5) 可用于位操作。枚举类型的常量可以用于位操作。例如,可以使用枚举类型的常量来定义一组位标志,然后通过位操作对这些标志进行组合、拆分和测试。

(6) 与整数类型兼容。枚举类型的常量可以与整数类型进行隐式转换,这使得它们可以方便地与整数类型的变量和函数参数进行交互。

任务3:掌握自定义类型

学习情境1:掌握结构体

在实际问题中,一组数据往往具有不同的数据类型。例如,在学生登记表中,姓名应为字符型,学号可为整型或字符型,年龄应为整型,性别应为字符型,成绩可为整型或实型。显然不能用一个数组来存放这一组数据,为了解决这类问题,C语言给出了另一种构造数据类型——结构(structure),也叫结构体。它相当于其他高级语言中的记录。结构体是一种构造类型,它是由若干成员组成的,每一个成员可以是一个基本数据类型或者又是一个构造类型。结构体既然是一种构造而成的数据类型,那么在声明和使用之前必须先定义它,也就是构造它。

定义一个结构体的一般形式为

```
structure 结构名
{成员表列};
```

成员表列由若干个成员组成,每个成员都是该结构体的一个组成部分。对每个成员也必须做类型说明,其形式为

```
类型说明符 成员名;
```

成员名的命名应符合标识符的书写规定,例如:

```
Structure stu
{
int num;
char name[20];
char sex;
float score;
}
```

在这个结构体定义中，结构名为 stu。该结构体由 4 个成员组成：第一个成员为 num，整型变量；第二个成员为 name，字符数组；第三个成员为 sex，字符变量；第四个成员为 score，实型变量。应注意在括号后的分号是不可少的，结构体定义之后即可进行变量说明。凡说明为结构体 stu 的变量都由上述 4 个成员组成。由此可见，结构体是一种复杂的数据类型，是数目固定、类型不同的若干有序变量的集合。

学习情境 2：掌握共用体

有时为了节省存储空间或为了用多种类型访问一个数据，需要将几种不同类型的变量放到同一段内存单元中。由于它们占有同一段内存区，所以在存储的时候会相互覆盖部分或者全部内容。例如，可以把 int、char、float 类型的数据放在同一个地址开始的内存单元中，这种使几个不同类型的变量占用同一段内存的结构称为共用体类型的结构。

学习情境 3：掌握枚举

在实际问题中，有些变量的取值被限定在一个有限的范围内。例如，一星期只有 7 天，一年只有 12 个月，一个班每周有 6 门课程，等等。如果把这些量说明为整型、字符型或其他类型，显然是不妥当的。为此，C 语言提供了一种称为枚举的类型。在枚举类型的定义中列举出所有可能的取值，被说明为该枚举类型的变量取值不能超过定义的范围。应该说明的是，枚举类型是一种基本数据类型，而不是一种构造类型，因为它不能再分解为任何基本类型。

应用实例

应用实例 1：

题目：经过下面的运算，a 的值为多少？

源程序：

```
#include<stdio.h>
int main( )
{
int a = 3;
a += a *= a;                                    /* 等价于 a += (a *= a) */
printf("%d\n", a);
return 0;
}
```

运行结果：

```
18
```

赋值运算为右结合属性，需要从右往左依次运算。所以上面的表达式运行顺序为：首先运行最右侧的 a *=a，a 赋值为 9；然后运行左侧的 a+=a，最终 a 赋值为 18。

应用实例 2：

题目：(利用条件运算符的嵌套来完成此题)学习成绩≥90 分的同学用 A 表示，60～89 分的用 B 表示，60 分以下的用 C 表示。

程序分析：(a>b)?a:b 是条件运算符的基本例子。

```
#include <stdio.h>
int main()
{
    int score;
    char grade;
    printf("请输入分数: ");
    scanf("%d",&score);
    grade = (score >= 90)?'A':((score >= 60)?'B':'C');
    printf("%c\n",grade);
    return 0;
}
```

以上实例输出结果为

```
请输入分数: 87
B
```

应用实例 3：

题目：(猴子吃桃问题)猴子第一天摘下若干个桃子，当即吃了一半，还不过瘾，又多吃了一个。第二天早上又将剩下的桃子吃掉一半，又多吃了一个。以后每天早上都吃了前一天剩下的一半零一个。到第 10 天早上想再吃时，见只剩下一个桃子了。求第一天共摘了多少个桃子。

程序分析：采取逆向思维的方法，从后往前推断。

(1) 设 x_1 为前一天桃子数，x_2 为第二天桃子数，则：

$$x_2 = x_1/2 - 1,\ x_1 = (x_2 + 1) \times 2$$

$$x_3 = x_2/2 - 1,\ x_2 = (x_3 + 1) \times 2$$

以此类推：$x_{前} = (x_{后} + 1) \times 2$。

(2) 从第 10 天可以类推到第 1 天，这是一个循环过程。

源代码：

```
#include <stdio.h>
#include <stdlib.h>
int main(){
    int day, x1 = 0, x2;
    day = 9;
    x2 = 1;
    while(day > 0) {
        x1 = (x2 + 1) * 2;          //第一天的桃子数是第二天桃子数加 1 后的 2 倍
        x2 = x1;
        day--;
    }
    printf("总数为 %d\n",x1);

    return 0;
}
```

以上实例输出结果为

```
总数为 1534
```

习　题

一、单项选择题

1. 合法的字符常量是(　　)。

　A. '\t'　　B. "A"　　C. 'ab'　　D. '\832'

2. C语言中的标识符只能由字母、数字和下画线三种字符组成,且第一个字符(　　)。

　A. 必须为字母

　B. 必须为下画线

　C. 必须为字母或下画线

　D. 可以是字母、数字和下画线中的任一字符

3. 以下均是C语言合法常量的选项是(　　)。

　A. 089、−026、0x123、e1　　B. 044、0x102、13e−3、−0.78

　C. −0x22d、06f、8e2.3、e　　D. .e7、0xffff、12%、2.5e1.2

4. 以下变量x、y、z均为double类型且已正确赋值,不能正确表示数学式子x/(y*z)的C语言表达式是(　　)。

　A. x/y*z　　B. x*(1/(y*z))　　C. x/y*1/z　　D. x/y/z

5. 设有说明"char c; int x; double z;",则表达式c*x+z值的数据类型为(　　)。

　A. float　　B. int　　C. char　　D. double

6. 在C语言中,要求参加运算的数必须是整数的运算符是(　　)。

　A. /　　B. *　　C. %　　D. =

7. 在C语言中,字符型数据在内存中以(　　)形式存放。

　A. 原码　　B. BCD码　　C. 反码　　D. ASCII码

8. 下列程序的输出结果是(　　)。

```
int main()
{
 char c1 = 97,c2 = 98;
 printf(" %d %c",c1,c2);
 return 0;
}
```

　A. 97 98　　B. 97 b　　C. a 98　　D. a b

9. 与代数式(x*y)/(u*v)不等价的C语言表达式是(　　)。

　A. x*y/u*v　　B. x*y/u/v　　C. x*y/(u*v)　　D. x/(u*v)*y

10. 以下数值中,正确的实型常量是(　　)。

　A. 1.5e3.6　　B. e3.6　　C. 8.9e−4　　D. e−8

11. 对于"char cx='\067';"语句,正确的是(　　)。

　A. 不合法　　B. cx的ASCII值是55

　C. cx的值为4个字符　　D. cx的值为3个字符

12. 假定x和y为double型,则表达式x=2,y=x+3/2的值是(　　)。

　A. 3.500000　　B. 3　　C. 2.000000　　D. 3.000000

13. 已知大写字母A的ASCII码值是65,小写字母a的ASCII码值是97,则用八进制表示的字符常量'\101'是(　　)。

A. 字符A　　B. 字符a　　C. 字符e　　D. 非法的常量

14. 以下合法的赋值语句是(　　)。

A. x=y=100　　B. d--　　C. x+y　　D. c=int(a+b)

15. 以下选项中不属于C语言的类型是(　　)。

A. signed short int　　B. unsigned long int

C. unsigned int　　D. long short

16. 以下能正确定义变量m、n,并且它们的值都为4的是(　　)。

A. int m=n=4;　　B. int m, n=4;

C. m=4,n=4;　　D. int m=4,n=4;

17. 若变量均已正确定义并赋值,以下合法的C语言赋值语句是(　　)。

A. x=y=5;　　B. x=n%2.5;　　C. x+n=i;　　D. x=5=4+1;

18. 若有定义语句"int x=12,y=8,z;",在其后执行语句"z=0.9+x/y;",则z的值为(　　)。

A. 1.9　　B. 1　　C. 2　　D. 2.4

19. 在VC编译环境下,int、char和short三种类型数据在内存中所占用的字节数分别为(　　)。

A. 1 1 1　　B. 2 1 4　　C. 4 1 4　　D. 4 1 2

20. 下列数据中属于字符串常量的是(　　)。

A. ABC　　B. "ABC"　　C. 'ABC'　　D. 'A'

21. 下列语句的输出结果是(　　)。

```
printf("%d\n",(int)(2.5+3.0)/3);
```

A. 有语法错误　　B. 2　　C. 1　　D. 0

22. C语言的注释定界符是(　　)。

A. { }　　B. [ ]　　C. *　　*\　　D. /*　　*/

23. 下列选项中,合法的C语言关键字是(　　)。

A. VAR　　B. cher　　C. integer　　D. default

24. 执行下列语句后变量x和y的值是(　　)。

```
y=10;x=y++;
```

A. x=10,y=10　　B. x=11,y=11

C. x=10,y=11　　D. x=11,y=10

25. 下列语句的结果是(　　)。

```
int main()
{
  int j;
  j=3;
  printf("%d,",++j);
  printf("%d",j++);
```

```
    return 0;
}
```

A. 3,3　B. 3,4　C. 4,3　D. 4,4

26. 若有定义“int a=7;float x=2.5,y=4.7;”则表达式 x+a%3*(int)(x+y)%2/4 的值是(　　)。

A. 2.500000　B. 2.750000　C. 3.500000　D. 0.000000

27. 以下选项中,与 k=n++完全等价的表达式是(　　)。

A. k=n,n=n+1　B. n=n+1,k=n　C. k=++n　D. k+=n+1

28. 以下数值中,不正确的八进制数或十六进制数是(　　)。

A. 0x16　B. 016　C. -0168　D. 0xaaaa

29. 以下选项中属于C语言数据类型的是(　　)。

A. 复数型　B. 双精度型　C. 逻辑型　D. 集合型

30. 以下程序的输出结果是(　　)。

```
int main()
{
    float x = 3.6;
    int i;
    i = (int)x;
    printf("x = %f,i = %d\n",x,i);
    return 0;
}
```

A. x=3.600000,i=4　B. x=3,i=3

C. x=3.600000,i=3　D. x=3 i=3.600000

31. 若有以下程序段,执行后的输出结果是(　　)。

```
int a = 0, b = 0,c = 0;
c = (a -= a - 5,a = b,b + 3);
printf(" %d, %d, %d\n",a,b,c);
```

A. 3,0,-10　B. 0,0,3　C. -10,3,-10　D. 5,0,3

32. 设 x,y 均为 int 型变量,且 x=8,y=3,则 printf("%d,%d\n",x--,--y)的输出结果是(　　)。

A. 8,3　B. 7,3　C. 7,2　D. 8,2

33. 若有代数式 3ae/(bc),则不正确的C语言表达式是(　　)。

A. a/b/c*e*3　B. 3*a*e/b/c　C. 3*a*e/b*c　D. a*e/c/b*3

34. 先用语句定义字符型变量 c,然后要将字符 a 赋给 c,则下列语句中正确的是(　　)。

A. c='a';　B. c="a";　C. c="97";　D. C='97'

35. 下列变量说明语句中,正确的是(　　)。

A. char: a b c;　B. char a;b;c;　C. int x;z;　D. int x,z;

36. 表达式 18/4*sqrt(4.0)/8 值的数据类型为(　　)。

A. int　B. float　C. double　D. 不确定

37. 下面程序

```
int main()
{
  int x = 5,y = 2;
  printf(" %d\n",y = x/y + x % y);
  return 0;
```

}的输出是(　　)。

A. 3.5　　B. 2　　C. 3　　D. 5

38. 若有以下程序段,执行后的输出结果是(　　)。

```
int c1 = 1, c2 = 2, c3;
c3 = c1/c2;
printf(" %d\n",c3);
```

A. 0　　B. 1/2　　C. 0.5　　D. 1

39. 执行下面的程序后,输出结果是(　　)。

```
#include <stdio.h>
int main()
{
  int a;
  printf(" %d\n",(a = 3 * 5,a * 4,a + 5));
  return 0;
}
```

A. 65　　B. 20　　C. 15　　D. 10

二、阅读程序题

1. 以下程序运行后的输出结果是________。

```
#include <stdio.h>
int main( )
{
    int m = 011,n = 11;
    printf(" %d %d\n",m,n + m);
    return 0;
}
```

2. 已知字母A的ASCII码值为65。以下程序运行后的输出结果是________。

```
#include <stdio.h>
int main( )
{
    char a, b;
    a = 'A' + '5' - '3'; b = a + '6' - '2' ;
    printf(" %d %c\n", a, b);
    return 0;
}
```

项目 3　学习 C 语言数据处理

任务 1：掌握数据的运算符

学习情境 1：掌握基本运算符

C 语言的内部运算符很丰富，运算符是告诉编译程序执行特定算术或逻辑操作的符号。C 语言有三大运算符：算术、关系与逻辑、位操作。另外，C 还有一些特殊的运算符，用于完成一些特殊的任务。

表 3-1 列出了 C 语言中允许的算术运算符。在 C 语言中，运算符“+”“-”“*”“/”的用法与大多数计算机语言的相同，几乎可用于所有 C 语言内定义的数据类型。当“/”被用于整数或字符时，结果取整。例如，在整数除法中，10/3=3。

表 3-1　C 语言的算术运算符

算术运算符	作　用
-	减法，也是一元减法
+	加法
*	乘法
/	除法
%	模运算
--	自减(减 1)
++	自增(加 1)

一元减法的实际效果等于用-1 乘单个操作数，即任何数值前放置减号将改变其符号。模运算符“%”在 C 语言中也同它在其他语言中的用法相同。切记，模运算取整数除法的余数，所以“%”不能用于 float 和 double 类型。

下面是说明%用法程序段。

```
int x, y;
x = 10;
y = 3;
printf("%d", x/y);                  /*显示 3*/
printf("%d", x%y);                  /*显示 1,整数除法的余数*/

x = 1;
y = 2;
printf("$d, %d", x/y, x%y);         /*0,1*/
```

最后一行打印一个 0 和一个 1，因为 1/2 整除时为 0，余数为 1，故 1%2 取余数 1。

学习情境2：掌握其他运算符(关系、条件、逻辑)

关系运算符中的“关系”二字指的是一个值与另一个值之间的关系，逻辑运算符中的“逻辑”二字指的是连接关系的方式。因为关系和逻辑运算符常在一起使用，所以将它们放在一起讨论。关系和逻辑运算符概念中的关键是True(真)和False(假)。C语言中，非0为True，0为False。使用关系或逻辑运算符的表达式对False和True分别返回值0或1(见表3-2和表3-3)。

表3-2 关系运算符

关系运算符	作　用
＞	大于
＞＝	大于或等于
＜	小于
＜＝	小于或等于
＝＝	等于
!＝	不等于

表3-3 逻辑运算符

逻辑运算符	作　用
&&	与
||	或
!	非

关系和逻辑运算符的优先级比算术运算符低，即像表达式10＞1＋12的计算可以假定是对表达式10＞(1＋12)的计算，当然，该表达式的结果为False。在一个表达式中允许运算的组合，例如：

```
10 > 5&&! (10 < 9)||3 < = 4
```

这一表达式的结果为True。

表3-4给出了关系和逻辑运算符的相对优先级。

表3-4 关系和逻辑运算符优先级

优 先 级	运 算 符	含　义	结 合 方 向
1	!	逻辑非运算符	自左至右
	＋＋	自增运算符	
	－－	自减运算符	
2	*	乘法运算符	自左至右
	/	除法运算符	
	%	求模运算符	
3	＋	加法运算符	自左至右
	－	减法运算符	
4	＜ ＜＝ ＞ ＞＝	关系运算符	自左至右
5	＝＝	等于运算符	自左至右
	!＝	不等于运算符	
6	&&	逻辑与运算符	自左至右
7	||	逻辑非运算符	自左至右

切记，所有关系和逻辑表达式产生的结果不是 0 就是 1，所以下面的程序段不仅正确而且将在屏幕上打印数值 1。

```
int x;
x = 100;
printf(" % d",x > 10);
```

学习情境 3：掌握数据混合运算

在 C 语言中可以进行各种类型的混合运算，包括整数和浮点数的混合运算。然而，这可能会导致精度问题，因为浮点数的精度是有限的。

下面是一个简单的例子，展示了如何进行不同类型的混合运算。

```
#include < stdio.h >
int main() {
int a = 10;
float b = 20.0;
double c = 30.0;                       //整数和浮点数的混合运算
double result1 = a + b;
printf("Result 1: %.2lf\n", result1);
  //浮点数和双精度浮点数的混合运算
double result2 = b + c;
printf("Result 2: %.2lf\n", result2);
  return 0;
}
```

在这个例子中，首先定义了一个整数 a、一个浮点数 b，以及一个双精度浮点数 c。然后创建了两个变量 result1 和 result2，分别将一个整数和一个浮点数，以及一个浮点数和一个双精度浮点数相加。最后，使用 printf 函数打印出结果。

需要注意的是，进行不同类型的混合运算时，C 语言会自动进行类型转换。例如，在这个例子中，将一个整数和一个浮点数相加时，整数会被转换为浮点数。同样，将一个浮点数和一个双精度浮点数相加时，浮点数也会被转换为双精度浮点数。这种类型转换可能会导致精度的损失。

学习情境 4：掌握类型转换

在 C 语言中，数据类型转换主要有两种方式：隐式类型转换和显式类型转换。

1. 隐式类型转换（自动类型转换）

在 C 语言中，一些类型的数据在表达式中可以自动地进行隐式类型转换。例如，当一个浮点数(double)和一个整数(int)进行运算时，整数会被自动转换为浮点数。这种转换在编译时自动发生，不需要程序员显式地指定。

例如：

```
int a = 10;
double b = 20.0;
double result = a + b;                 //a 被自动转换为 double 类型
```

2. 显式类型转换(强制类型转换)

当隐式类型转换无法满足需求时,可以使用强制类型转换。强制类型转换由圆括号和目标类型组成,将一个数据类型强制转换为指定的类型。

例如:

```
int a = 10;
double b = 20.0;
double result = (double) a + b;          //a被显式地转换为double类型
```

请注意,进行显式类型转换时要格外小心,不正确的转换可能会导致数据精度丢失或溢出。

学习情境5:掌握运算符优先级

在C语言中,运算优先级是一个重要的概念,它决定了表达式中各操作执行的顺序。C语言中的运算优先级由高到低如下。

(1) 括号()。

(2) 一元运算符:正负号、按位取反、逻辑非。

(3) 乘法、除法、取模(*、/、%)。

(4) 加法、减法(+、-)。

(5) 比较运算符(<、<=、>、>=、==、!=)。

(6) 逻辑与运算符(&&)。

(7) 逻辑或运算符(||)。

(8) 三元运算符(?:)。

(9) 赋值运算符(=)。

(10) 逗号运算符(,)。

需要注意的是,这只是一个大体的优先级顺序,并不是绝对的。在某些情况下,C语言的编译器可能会根据操作符的结合性来改变运算顺序。例如,C语言中的大多数操作符是自左向右结合的,但赋值运算符和条件运算符(?:)是自右向左结合的。

为了确保代码的正确性,建议在编写复杂的表达式时使用括号明确地规定运算顺序,例如:

```
int result = (2 + 3) * 4;          //通过括号明确指出了运算顺序
```

这样可以避免由于优先级问题导致的错误。

任务2:掌握数据的批量处理

学习情境1:利用数组批量处理数据

前面介绍的数据类型有整型、实型和字符型等基本数据类型。除此之外,C语言还提供了更为复杂的构造数据类型,它由基本类型按照一定的规则组合而成。

数组是最基本的构造类型,它是一组相同类型数据的有序集合。数组中所包含的数据称为数组元素,在内存中连续存放,每个数组元素都属于同一种数据类型,用数组名和下标可以唯一地确定数组元素。

学习情境2：掌握一维数组的应用

下面先通过一个例子来了解数组的使用。

【例 3-1】 编写程序求 10 个学生的平均成绩以及高于平均成绩的人数。

分析：本题要求高于平均成绩的人数，这就需要保存输入的 10 个成绩，求出平均值后，再将它们逐一与平均值进行比较。如果用 1 个变量来存储 1 个学生的成绩，就需要定义 10 个变量，在求高于平均成绩的人数时需要 10 个 if 语句，无法使用循环求解。因此，这里使用一个整型数组存放 10 个成绩。

源程序：

```
#include <stdio.h>
int main( )
{
    int i,n = 0,score[10];              /* n用于记录高于平均值的个数,初值为 0 */
    double ave,sum = 0;
    printf("请输入学生成绩: ");
            /* 输入的数据依次存放在数组 score 的 10 个元素 score[0]~score[9]中 */
    for(i = 0;i < 10;i++)
    {
        scanf("%d",&score[i]);
        sum += score[i];
    }
    ave = sum/10;
    for(i = 0;i < 10;i++)
        if(score[i]> ave)               /* 逐个与平均值比较,高于平均值时 n 累加 */
            n++;
    printf("平均成绩为: %.2f\n高于平均成绩的人数为: %d\n",ave,n);
    return 0;
}
```

运行结果：

```
请输入学生成绩: 95 85 74 62 91 48 78 98 83 79↙
平均成绩为: 79.30
高于平均成绩的人数为: 5
```

程序中定义了一个整型数组 score 后，系统分配连续的存储单元，用于存放数组 score 的 10 个元素 score[0]～score[9]，这些元素的类型都是整型，由数组名 score 和下标唯一确定每个元素。

在程序中使用数组，可以让一批相同类型(本例中为整型)的变量使用同一个数组名，使用下标来相互区分。它的优点是表达简洁、使用灵活、可读性好，对下标可使用循环结构实现对不同元素的引用。

1. 一维数组的定义

当数组中每个元素只有一个下标时，称这样的数组为一维数组，在 C 语言中使用数组必须先定义后使用。

一维数组定义的一般形式：

```
类型说明符 数组名[整型常量表达式];
```

说明：

(1) 类型说明符可以是任意一种基本数据类型或构造数据类型，它指明数组元素的数据类型。

(2) 数组名是用户定义的数组名字，必须是一个合法的标识符。

(3) [ ]中的整型常量表达式表示数组中所包含的元素个数。

(4) 数组名后是用[ ]括起来的整型常量表达式，不能用( )。

例如：

```
int a[10];
```

它表示定义了一个整型数组，数组名为a，此数组包含10个元素。数组元素的下标从0开始，下标最大值是9(数组长度减1)。该数组的10个元素分别为a[0]，a[1]，a[2]，a[3]，a[4]，a[5]，a[6]，a[7]，a[8]，a[9]。

对于数组定义应注意以下几点。

(1) 数组的类型实际上是指数组元素的类型。

(2) 数组定义后，系统将为其在内存中分配连续的存储单元。假设前面定义的数组a起始地址是2000，其在内存的存储形式如图3-1所示。数组名是一个地址常量，代表数组的起始地址。

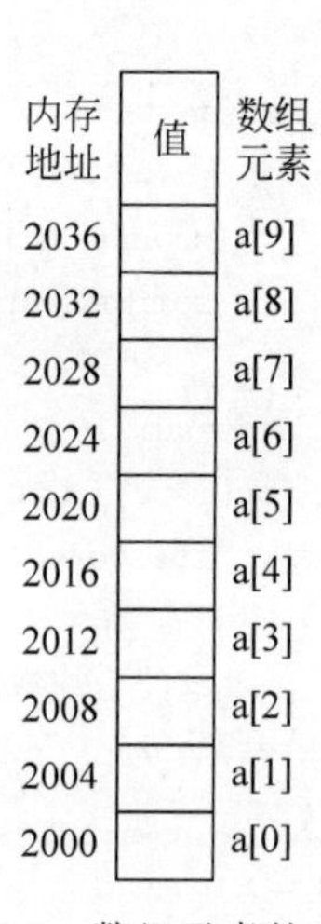

图3-1 数组元素的内存

整个数组所占存储空间的大小与数组元素的类型和数组的长度有关。用公式表示为

数组所占存储空间的字节数＝数组大小×sizeof(数组元素类型)。

例如：

```
float b[20];
```

则数组b所占存储单元的大小为

$$20 \times \text{sizeof(float)} = 20 \times 4 = 80\text{B}$$

(3) 数组名不能与其他变量名相同。

(4) 不能在[ ]中用变量来表示元素的个数，但是可以是符号常量或常量表达式。

例如：

```
int a[3+2],b[7*5];                  /*合法*/
#define N 5
int a[N];                           /*合法*/
```

但是下述说明方式是错误的。

```
int n=5;
int a[n];                           /*不合法*/
```

(5) 允许在同一个类型说明中说明多个数组和多个变量。

例如：

```
int a,b,c[5],d[6];
```

2. 一维数组元素的引用

数组元素是组成数组的基本单元。数组元素也是一种变量，其标识方法为数组名后跟一个下标。下标表示了数组元素在数组中的位置，从 0 开始。

数组元素的标识形式为

```
数组名[下标]
```

例如：a[5]。

数组元素引用说明：

(1) 数组元素的引用在形式上与数组的定义有些相似，但这两者具有完全不同的含义。数组定义时的[ ]中给出的是数组的长度，只能是整型常量，而数组元素中的下标是该元素在数组中的位置，可以是整型常量，也可以是已赋值的整型变量或整型表达式。

例如，a[3]，a[i+j]，a[i++]都是合法的数组元素。

(2) 在 C 语言中数值型数组只能逐个地使用数组元素，而不能一次引用整个数组。

例如，输出有 10 个元素的数组必须使用循环语句逐个输出各数组元素。

```
for(i = 0;i < 10;i++)
    printf(" %d",a[i]);
```

而不能用一条语句输出整个数组。

下面的写法是错误的：

```
printf(" %d",a);
```

(3) 数组定义后，数组中的每一个元素就相当于一个变量，对变量的一切操作同样也适用于数组元素。

(4) 数组引用要注意越界问题。

例如：

```
int a[10];
a[10] = 7;   /* 引用越界，数组元素只能是 a[0]～a[9] */
```

【例 3-2】 从键盘输入 10 个数存放到一个一维数组中，输出其中的最大值及其下标。

分析：程序的流程图如图 3-2 所示，首先赋初值 max=a[0]，subsc=0，然后用 for 语句将 a[1]～a[9]逐个与 max 比较，若比 max 的值大，则把该数组元素的值存入 max 中，同时 subsc 保存其对应下标，max 中保存的值总是已比较过的数组元素中的最大值；与全部元素比较结束后，max 的值就是 10 个数中的最大值，subsc 存放其对应的下标。

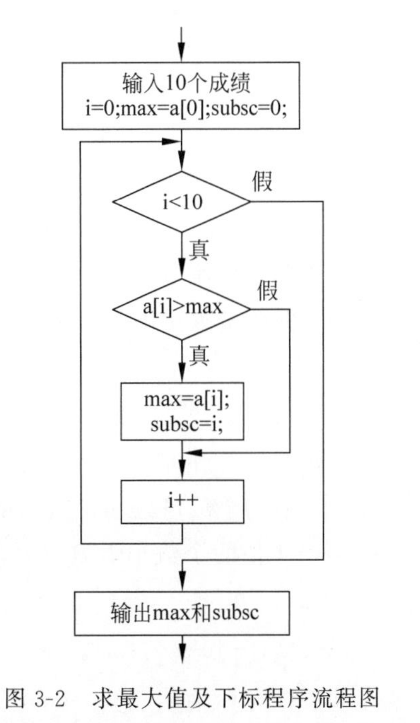

图 3-2　求最大值及下标程序流程图

源程序：

```
#include <stdio.h>
int main( )
{
```

```
    int i,max,subsc,a[10];
    printf("input 10 numbers:\n");
    for(i=0;i<10;i++)
        scanf("%d",&a[i]);
    max=a[0];
    subsc=0;
    for(i=1;i<10;i++)
        if(a[i]>max)
        {
            max=a[i];
            subsc=i;
        }
    printf("maxmum=%d,subscript=%d\n",max,subsc);
    return 0;
}
```

运行结果：

```
input 10 numbers:
12 54 -100 60 23 44 123 27 99 20↙
maxmum=123, subscript=6
```

3. 一维数组的初始化

数组元素在使用之前,需要对其赋值,然后才能引用。给数组元素赋值的方法除了用输入和用赋值语句对数组元素逐个赋值外,还可采用初始化赋值。数组初始化赋值是指在数组定义时给数组元素赋初值。

一维数组初始化赋值的一般形式为

类型说明符 数组名[整型常量表达式]={值,值,…,值};

其中,在{ }内的值即为数组元素的初值。值和值之间用逗号间隔,其顺序与数组元素的顺序一一对应。

例如：

```
int a[10]={0,1,2,3,4,5,6,7,8,9};
```

相当于

```
a[0]=0;a[1]=1; … ;a[9]=9;
```

C语言对数组的初始化赋值有以下几点规定。

(1) 值的个数不能超过数组的大小。

例如：

```
int a[4]={1,2,3,4,5,6};                    /*错误*/
```

值的个数超出了数组的大小,编译时会出错。

(2) 值的个数可以小于数组的大小。

当{}中值的个数小于数组元素个数时,按顺序给前面部分元素赋值,其余元素都赋值为0。例如：

```
int a[10]={0,1,2,3,4};
```

表示将5个值赋值给a[0]～a[4]这5个元素,a[5]～a[9]自动赋0,所以赋值后,a[0]=0,

a[1]=1,a[2]=2,a[3]=3,a[4]=4,a[5]=a[6]=a[7]=a[8]=a[9]=0。

(3) 只能给元素逐个赋值,不能给数组整体赋值。

给 10 个元素全部赋值为 8 时,只能写成

```
int a[10] = {8,8,8,8,8,8,8,8,8,8};
```

而不能写成

```
int a[10] = 8;                              /* 错误 */
```

(4) 当对全部数组元素赋初值时,可以不给出数组长度,此时数组的实际大小就是初值列表中值的个数。

例如:

```
int a[5] = {1,2,3,4,5};
```

可写为

```
int a[] = {1,2,3,4,5};
```

在第 2 种写法中,{ }中有 5 个数,系统就会据此自动定义数组 a 的长度为 5。

注意:为了改变程序的可读性,尽量避免出错,建议读者在定义数组时,不管是否对全部数组元素赋初值,都不要省略数组长度。

4. 数组名作为函数参数

如果需要向被调用函数传递一个数组的全部元素,可以用数组名作为参数来实现。用数组名作函数参数是地址传递。地址传递是指函数调用时,实参将某些数据(如变量、字符串、数组等)的地址传递给形参,使实参和形参指向同一存储单元,因此,在执行被调用函数的过程中,形参的改变能够影响到对应的实参。

在地址传递方式下,形参和实参都可以是数组名或指针。形参和实参是指针的情况将在后面介绍,下面介绍用数组名作函数参数的情况。

因为数组名代表数组的起始地址,因此数组名作为函数参数,遵循地址传递的方式,即在函数调用时,将数组的起始地址传递给形参,形参和实参数组因起始地址相同而共用一段存储空间,被调用函数中对形参数组的操作实际上就是对实参数组的操作,形参数组的改变影响实参数组的值,可以实现"双向"传递。在程序设计中,可以有意识地利用这一特性改变实参数组元素的值。

用数组名作函数参数说明如下。

(1) 实参与形参均应使用数组名。

(2) 实参数组与形参数组的数据类型应一致。

(3) 实参数组和形参数组大小可以不一致,且形参数组可不指定大小。C 编译程序不检查形参数组的大小,通常另设一整型变量来传递数组元素个数。

【例 3-3】 将一个数组中的值按逆序重新存放。例如,原来顺序为 10,60,5,42,19,要求改为 19,42,5,60,10。

分析:以中间元素为界,两侧相对元素进行互换即可。

源程序:

```
#include <stdio.h>
#define N 10                              /* 假设数组中有 10 个数 */
```

```
void convert(int a[],int n);                /*函数声明*/
int main( )
{
    int a[N],i;
    printf("请输入%d个整数:\n",N);
    for(i=0;i<N;i++)                        /*输入数据*/
        scanf("%d",&a[i]);
    printf("原来顺序为:\n");
    for(i=0;i<N;i++)
        printf("%5d",a[i]);
    printf("\n");
    convert(a,10);                          /*调用函数实现逆序存放*/
    printf("逆序存放后的顺序为:\n");
    for(i=0;i<N;i++)
        printf("%5d",a[i]);
    return 0;
}
void convert(int x[],int n)                 /*逆序存放*/
{
    int temp,i;
    for(i=0;i<N/2;i++)
    {
        temp=x[i];
        x[i]=x[N-i-1];
        x[N-i-1]=temp;
    }
}
```

运行结果:

```
请输入10个整数:
1 2 3 4 5 6 7 8 9 10↙
原来顺序为:
    1    2    3    4    5    6    7    8    9   10
逆序存放后的顺序为:
   10    9    8    7    6    5    4    3    2    1
```

5. 一维数组举例

【例3-4】 用冒泡法对10个数由小到大排序。

分析:冒泡排序的基本思想是对相邻两个数进行比较,将较小的数交换到前面。从纵向来看,这些数在交换过程中较小的数就像水中的气泡不断地浮出。下面以6个数为例说明冒泡法。

首先进行第1趟排序,如图3-3所示。第1次将第1个和第2个数(9和6)交换(因为6<9),第2次将第2个和第3个数(9和8)交换……如此共进行5次,得到6—8—3—4—1—9的顺序,可以看到:最大的数9已"沉底",成为最下面一个数,而小的数"上升"。最小的数1已向上"浮起"一个位置。经第1趟排序(共5次比较)后,得到最大的数。

然后进行第2趟排序,对余下的前面5个数按上述方法进行比较,如图3-4所示。经过4次比较,得到次大的数8。对6个数要排序5趟,才能使6个数按大小顺序排列。在第1趟中两个数之间比较5次,在第2趟中比较4次……在第5趟中比较1次。

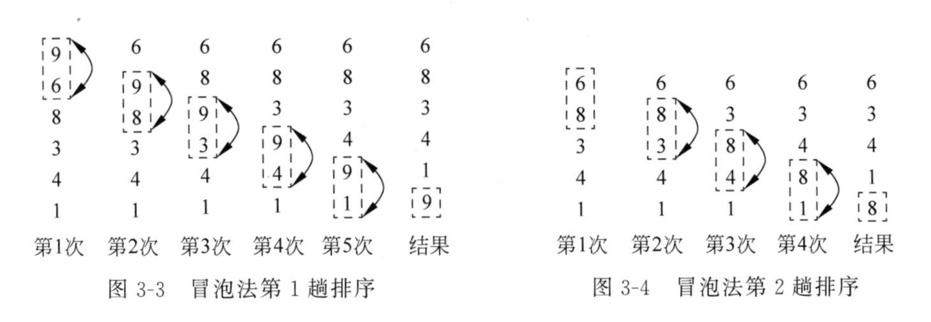

图 3-3　冒泡法第 1 趟排序　　　　图 3-4　冒泡法第 2 趟排序

如果有 n 个数，则要进行 n－1 趟排序。在第 1 趟排序中要进行 n－1 次两两比较，在第 i 趟排序中要进行 n－i 次两两比较。本题用 fun 函数实现从小到大排序。

源程序：

```
#include <stdio.h>
void fun(int a[ ],int n)
{
    int i,j,t;
    for(i = 0;i < n - 1;i++)            /* 双重循环实现排序,外循环控制排序趟数 */
        for(j = 0;j < n - i - 1;j++)    /* 内循环控制每趟排序的比较次数 */
                                if(a[j]> a[j + 1])
            {
                t = a[j];
                a[j] = a[j + 1];
                a[j + 1] = t;
            }
}
int main( )
{
    int i,a[10];
    printf("\n input 10 numbers:\n");
    for(i = 0;i < 10;i++)
        scanf(" %d",&a[i]);
    fun(a,10);
    printf("the sorted numbers:\n");
    for(i = 0;i < 10;i++)
        printf(" %d ",a[i]);
    return 0;
}
```

运行结果：

```
input 10 numbers:
1 0 8 65 -76 23 -20 45 80 100↙
the sorted numbers:
-76 -20 0 1 8 23 45 65 80 100
```

【例 3-5】 用简单选择法对 10 个数由小到大排序。

分析：简单选择法的基本思想是从所有元素中找出最小的数与第 1 个元素的值交换，第 1 个元素得到了最小值，接着从余下的元素（除第 1 个以外的元素）中找出最小数与第 2 个元素的值交换，再从余下的元素中找出最小数与第 3 个元素的值交换，以此类推，直到最

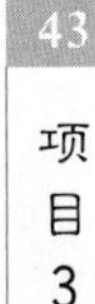

后剩下一个元素。下面同样以 6 个数为例说明。

初始数据 3 5 1 8 9 4

第1趟 3 5 1 8 9 4

第2趟 [1] 5 3 8 9 4

第3趟 [1 3] 5 8 9 4

第4趟 [1 3 4] 8 9 5

第5趟 [1 3 4 5] 9 8

结果 1 3 4 5 8 9

显然，用简单选择法对 n 个数进行排序时，要进行 n－1 趟比较排序，在第 i 趟中要比较 n－i 次，但其中只有 1 次数据交换。

源程序：

```
#include <stdio.h>
void fun(int a[],int n)
{
    int i,j,k,t;
    for(i=0;i<9;i++)
    {
        k=i;
        for(j=i+1;j<10;j++)
            if(a[j]<a[k]) k=j;
        if(i!=k)
        {
            t=a[i];
            a[i]=a[k];
            a[k]=t;
        }
    }
}
int main( )
{
    int a[10],i,j,k,x;
    printf("input 10 numbers:\n");
    for(i=0;i<10;i++)
       scanf("%d",&a[i]);
    printf("\n");
    fun(a,10);
    printf("The sorted numbers:\n");
    for(i=0;i<10;i++)
        printf("%d ",a[i]);
    return 0;
}
```

运行结果：

```
input 10 numbers:
1 0 8 65 -76 23 -20 45 80 100↙
the sorted numbers:
-76 -20 0 1 8 23 45 65 80 100
```

【例 3-6】 把指定数据插入已排序的数据序列中。

分析：在 main 函数中完成数据的输入和插入值之后的数据输出，fun 函数实现数据的插入。要把指定数据插入序列中，先要找到插入数据的位置，然后将这个位置及其后面的数据依次向后移动一个位置，从而空出该位置，再将要插入的数据存放在该位置即可。

源程序：

```
#include <stdio.h>
void fun(int a[],int ins,int n)
{
    int i;
    for(i=n-1;i>=0;i--)          /*循环的功能是确定插入位置并向后移动数据*/
        if(ins<a[i])
            a[i+1]= a[i];
        else break;
    a[i+1]=ins;
}
int main( )
{
    int data[50],ins,n,i;
    printf("please enter the number of org datA.\n");
    scanf("%d",&n);
    printf("please enter datA.\n");
    for(i=0;i<n;i++)
        scanf("%d",&data[i]);
    printf("the org datA.\n");
    for(i=0;i<n;i++)
        printf("%d ",data[i]);
    printf("\nplease enter insert datA.\n");
    scanf("%d",&ins);
    fun(data,ins,n);
    printf("\ndata after inserted:\n");
    for(i=0;i<=n;i++)
        printf("%d ",data[i]);
    return 0;
}
```

运行结果：

```
please enter the number of datA.
8↙
please enter datA.
2 4 6 10 12 14 16 19↙
```

```
the org datA.
2 4 6 10 12 14 16 19
please enter insert datA.
7↙
data after inserted:
2 4 6 7 10 12 14 16 19
```

学习情境3：掌握二维数组的应用

1. 二维数组的定义

当数组中每个元素有两个下标时，称这样的数组为二维数组。在逻辑上可以把二维数组看成一个具有行和列的表格或矩阵。

二维数组定义的一般形式：

```
类型说明符 数组名[行数][列数]
```

其中，行数和列数必须是整型常量表达式。

例如：

```
int a[3][4];
```

说明：定义二维数组a，3行4列，共有12个元素，每个元素都是整型。

2. 二维数组元素的引用

与一维数组相同，二维数值数组也只能单个引用数组元素，引用二维数组元素时必须带有两个下标，引用形式加下。

```
数组名[下标][下标]
```

第1个[ ]中的下标代表行号，称为行下标；第2个[ ]中的下标代表列号，称为列下标。行下标和列下标都是从0开始。下标可以是整型常量，也可以是已赋值的整型变量或整型表达式。

例如，a[2][3]表示a数组第2行第3列的元素。

说明：

(1) 引用二维数组元素时，一定要把两个下标分别放在两个[ ]内，不要写成a[2,3]。

(2) 二维数组a可以表示为3行4列的矩阵，可以理解为一个二维表格，如图3-5所示。

	第0列	第1列	第2列	第3列
第0行	a[0][0]	a[0][1]	a[0][2]	a[0][3]
第1行	a[1][0]	a[1][1]	a[1][2]	a[1][3]
第2行	a[2][0]	a[2][1]	a[2][2]	a[2][3]

图3-5 数组a的逻辑存储结构

(3) 二维数组在内存中存放可以有两种方式：一种是按行存放，即放完一行之后顺次放入下一行；另一种是按列排列，即放完一列之后再顺次放入下一列。

在C语言中，二维数组是按行排列的，即先存放a[0]行(第0行)，再存放a[1]行(第1行)，最后存放a[2]行(第2行)，每行中的4个元素依次存放。

由于二维数组元素是按顺序依次存放在内存中的，所以，二维数组在内存中所占字节数

就是二维数组中所有元素所占字节数之和，计算公式为

行数×列数×sizeof(数组元素类型)

【例 3-7】 一个学习小组有 5 名学生，每名学生有 3 门课的考试成绩(见表 3-5)，求每名学生的平均成绩。

表 3-5 学生成绩统计表

姓　名	Math	C	FoxPro
张三	80	85	90
王二	61	82	91
李四	79	66	80
赵大	85	65	80
周五	76	70	96

分析：可设一个二维数组 a[5][3]存放 5 名学生 3 门课的成绩。再设一个一维数组 v[5]存放 5 名学生的平均成绩。

源程序：

```
#include <stdio.h>
void average(float sco[ ][3],float ave[ ])
{
    float s,v[5];
    int i,j;
    for(i = 0;i < 5;i++)
    {
        s = 0;
        for(j = 0;j < 3;j++)
        {
            s = s + sco[i][j];
        }
        ave[i] = s/3;
    }
}
int main( )
{
    float s, a[5][3],v[5];
    int i,j;
    for(i = 0;i < 5;i++)                /* 行下标控制 */
        for(j = 0;j < 3;j++)            /* 列下标控制 */
            scanf("%f",&a[i][j]);
    average(a,v);
    printf("张三:%5.2f\n 王二:%5.2f\n 李四:%5.2f\n 赵大:%5.2f\n 周五:%5.2f\n", v[0],
v[1],v[2],v[3], v[4]);
    return 0;
}
```

运行结果：

```
80 85 90 61 82 91 79 66 80 85 65 80 76 70 96 ↙
张三:85.00
王二:78.00
```

```
李四:75.00
赵大:76.67
周五:80.67
```


average函数中用一个双重循环实现求5名学生的平均成绩。在外层循环中,i的取值从0到4分别代表5名学生;内层循环中,j用来表示3门课程,依次把每名学生的3门课成绩累加。需要注意赋值语句"s=0;"的位置,计算每名学生的成绩累加前必须先给s赋值为0。由于3个平均成绩存放在一维数组中,并用数组名作为函数参数,所以不需要用return语句返回平均分。

二维数组作为函数形参时,二维数组中第一维的长度可以省略,但不能省略第二维的长度。因为数组元素在存储器中是按行存储的,后一行总是存储在前一行之后。编译器必须知道一行中有多少个元素,才能知道下一行从什么位置开始存放。

3. 二维数组的初始化

在定义二维数组时,也可以对数组元素赋初值,叫作二维数组初始化。二维数组初始化方法有两种:分行赋初值和顺序赋初值。

(1) 分行赋初值。

一般形式为

```
类型说明符 数组名[行数][列数] = {{数据列表 0},{数据列表 1}, … };
```

例如,对数组a[5][3]赋初值可写成

```
int a[5][3] = {{80,75,92},{61,65,71},{59,63,70},{85,87,90},{76,77,85}};
```

(2) 顺序赋初值。

一般形式为

```
类型说明符 数组名[行数][列数] = {数据列表};
```

例如,对数组a[5][3]赋初值可写成

```
int a[5][3] = {80,75,92,61,65,71,59,63,70,85,87,90,76,77,85};
```

以上两种赋初值的结果是相同的。它们是:

```
a[0][0] = 80,a[0][1] = 75,a[0][2] = 92,a[1][0] = 61, … ,a[4][0] = 76,a[4][1] = 77,a[4][2] = 85
```

但是,如果赋值元素的个数与数据列表中数值的个数不相等时,这两种赋值方式的结果就不相同了,此时要注意初值表中数据的书写顺序。

例如,对数组a[3][3]赋初值可以写成

① int a[3][3]={{80,75},{61},{59,63,70}};

② int a[3][3]={80,75,0,61,0,0,59,63,70};

由此可见,分行赋初值的方法直观清晰,不易出错,是二维数组初始化最常用的方法。

对于二维数组初始化赋值还有以下说明。

二维数组也可以只对部分元素赋初值,未赋初值的元素自动赋值为0。

例如:

```
int a[3][3] = {{1},{2},{3}};
```

这是分行赋初值,所以是对每一行的第0列元素赋值,未赋值的元素赋值为0。赋值后

各元素的值为

```
a[0][0] = 1;a[0][1] = 0;a[0][2] = 0;
a[1][0] = 2;a[1][1] = 0;a[1][2] = 0;
a[2][0] = 3;a[2][1] = 0;a[2][2] = 0;
```

而“int a[3][3]={1,2,3};”则是按顺序赋值，所以是先给整个数组的前三个元素赋值，其余元素值为 0。赋值后的元素值为

```
a[0][0] = 1;a[0][1] = 2;a[0][2] = 3;
a[1][0] = 0;a[1][1] = 0;a[1][2] = 0;
a[2][0] = 0;a[2][1] = 0;a[2][2] = 0;
```

二维数组初始化时，如果对全部元素赋初值，则第一维的长度可以省略。

例如：

```
int a[3][3] = {1,2,3,4,5,6,7,8,9};
```

可以写为

```
int a[ ][3] = {1,2,3,4,5,6,7,8,9};
```

此时，可通过下列公式计算第一维的长度：

$$[x] = s/n$$

其中，[x]表示不小于 x 的最小整数，s 表示初值个数，n 表示第二维长度。公式中的除法运算是纯算术运算。在上面的例子中，s=9，n=3，求得[x]=3，所以第一维长度为 3。再看下面的例子：

```
int a[ ][3] = {1,2,3,4,5,6,7};
```

此例中，有 7 个初值，第二维长度为 3，[x]=[7/3]=3，所以第一维长度为 3。

二维数组可以看作由一维数组嵌套而构成的。如果一维数组的每个元素又都是一个一维数组，就组成了二维数组。

例如，二维数组 a[3][4]可分解为三个一维数组，其数组名分别为 a[0]、a[1]、a[2]。

对这三个一维数组无须另做说明即可使用。这三个一维数组都有 4 个元素，例如，一维数组 a[0]的元素为 a[0][0]，a[0][1]，a[0][2]，a[0][3]，如图 3-6 所示。

行名	每行4个元素			
a[0]	a[0][0]	a[0][1]	a[0][2]	a[0][3]
a[1]	a[1][0]	a[1][1]	a[1][2]	a[1][3]
a[2]	a[2][0]	a[2][1]	a[2][2]	a[2][3]

图 3-6　二维数组的一维理解

必须强调的是，在二维数组中，a[0]、a[1]、a[2]不能当作简单数组元素使用，它们是数组名，分别为二维数组的第 0 行、第 1 行和第 2 行的起始地址，而不是一个单纯的数组元素。

【例 3-8】 有一个 3×4 的矩阵，编写程序找出最大值及其所在的行号和列号。

分析：定义一个整型二维数组 a[3][4]，用来存放 3×4 的矩阵中的各个数值，再定义三个整型变量 max、row、colum，分别用来存放最大值和其所在的行与列的位置，将数组的第 1 个元素 a[0][0]的值和位置(行、列)分别赋给 max、row、colum。接着对数组的每一行进行循环，在每一行的循环中，再对每一列进行循环，总计要循环 3×4 次。在每一列的循环中，

将max的值与该行该列的元素值进行比较，如果max中的值比该元素值小，则将该元素值赋值给max，并将该元素的位置信息（行下标、列下标）赋给row、colum，这样，max中始终保存已比较过的元素中的最大值，row和colum中存放的就是其位置。所以，整个循环结束，也就找到了最大值及其位置。由于本题需要计算三个值，所以需要把其中两个（row、colum）定义为全局变量。

源程序：

```
#include <stdio.h>
int row,colum;
int Max(int a[][4])
{
    int i,j,max;
    max = a[0][0];
    for(i = 0;i <= 2;i++)
        for(j = 0;j <= 3;j++)
            if(a[i][j]> max)
            {
                max = a[i][j];
                row = i;
                colum = j;
            }
    return max;
}
int main( )
{
    int max;
    int a[3][4] = {{1,2,3,4},{9,8,7,6},{-10,10,-5,2}};
    max = Max(a);
    printf("max = %d,row = %d,colum = %d\n",max,row,colum);
    return 0;
}
```

运行结果：

```
max = 10,row = 2,colum = 1
```

【例3-9】 求下列二维数组a(用矩阵表示)中各行的平均值和各列的平均值。

$$a=\begin{bmatrix}3 & 16 & 87 & 65\\4 & 32 & 11 & 108\\9 & 28 & 16 & 73\\7 & 5 & 80 & 6\end{bmatrix}$$

分析：可以定义一个5×5的二维数组a，左上角的4×4个元素用来存放数组元素值，第5列用来存放各行的平均值，第5行用来存放各列的平均值。

源程序：

```
#include <stdio.h>
void fun(float ave[][5])
{
        int i,j;
```

```
        float sum;
        for(i = 0;i < 4;i++)
        {
            sum = 0;
            for(j = 0;j < 4;j++)
                sum = sum + ave[i][j];
            ave[i][4] = sum/4;
        }
        for(j = 0;j < 5;j++)
        {
            sum = 0;
            for(i = 0;i < 4;i++)
                sum = sum + ave[i][j];
            ave[4][j] = sum/4;
        }
}
int main( )
{
        int i,j;
        float a[5][5];
        printf("input array A.\n");
        for(i = 0;i < 4;i++)
        {
            for(j = 0;j < 4;j++)
                scanf(" % f",&a[i][j]);
        }
        fun(a);
        printf("array A.\n");
        for(i = 0;i < 5;i++)
        {
            for(j = 0;j < 5;j++)
                printf(" % 5.0f",a[i][j]);
            printf("\n");
        }
        return 0;
}
```

运行结果：

```
input array A.
3 16 87 65 4 32 11 108 9 28 16 73 7 5 80 6 ↙
array A.
    3   16   87   65   43
    4   32   11  108   39
    9   28   16   73   32
    7    5   80    6   25
    6   20   49   63   34
```

fun 函数中第 1 个循环嵌套是分别计算 ave 数组中第 0～4 行各行的平均值，并把各行的平均值分别存放到 ave 数组的第 4 列的对应行中；第 2 个循环嵌套是计算 ave 数组中各列的平均值，分别存放到第 4 行的对应列中。

【例 3-10】 求例 3-9 中矩阵主对角线元素之和以及副对角线元素之和。

分析：首先找出对角线元素的规律，显然，主对角线元素的行下标和列下标相等，副对角线元素的行下标加上列下标等于一个定值，然后按照规律对满足条件的元素求和即可。两条对角线的和是两个值，可以用全局变量，也可以用数组名作为函数参数得到多个值。下面代码是用数组来实现的。

源程序：

```
#include <stdio.h>
void add(int a[][4],int sum[])
{
    int i,j;
    for(i = 0;i < 4;i++)
    {
        for(j = 0;j < 4;j++)
        {
            if(i == j)
                sum[0] = sum[0] + a[i][j];            /* 求主对角线元素和 */
            if(i + j == 3)
                sum[1] = sum[1] + a[i][j];            /* 求副对角线元素和 */
        }
    }
}
int main( )
{
    int i,j,sum[2] = {0};
    int a[][4] = {3,16,87,65,4,32,11,108,9,28,16,73,7,5,80,6};
    add(a,sum);
    printf("主对角线元素和: %d\n 副对角线元素和: %d\n",sum[0],sum[1]);
    return 0;
}
```

运行结果：

```
主对角线元素和: 57
副对角线元素和: 111
```

【思考】 本例使用双重循环实现计算主副对角线元素之和，考虑一下如果用单层循环程序应如何实现？

学习情境 4：掌握字符数组的应用

在现实生活中，经常遇到各种各样的字符串，因此，一般程序设计都需要处理字符串。在 C 语言中，没有专门的字符串类型，字符串的显示和存储是通过字符数组来实现。

用来存放字符数据的数组是字符数组。在字符数组中，一个元素存放一个字符。

1. 字符数组的定义与初始化

(1) 字符数组的定义。

形式与前面介绍的数值型数组相同，其格式如下。

```
char 数组名[整型常量表达式];
```

例如：

```
char c[10];
```

定义一个一维字符数组 c，包含 10 个元素，可以存放 10 个字符。

字符数组也可以是二维或多维数组。

例如：

```
char c[5][10];
```

二维字符数组通常用来存储多个字符串。

(2) 字符数组的初始化。

字符数组也允许在定义时进行初始化赋值。

例如：

```
char c[5] = { 'H', 'E', 'L', 'L, 'O'};
```

把 5 个字符分别赋给 c[0]～c[4]这 5 个元素。

如果{ }中提供的初值个数(即字符个数)大于数组长度，编译时会出错。如果初值个数小于数组长度，则只将这些字符赋给数组中前面那些元素，其余的元素自动赋值空字符(即'\0')。

当对全体元素赋初值时也可以省去长度说明。

【例 3-11】 输出一个字符串。

源程序：

```
#include <stdio.h>
int main( )
{
    char c[14] = {'I',' ','l','o','v','e',' ','C','h','i','n','a','!'};
    int i;
    for(i = 0;i < 14;i++)
        printf("%c",c[i]);
    printf("\n");
    return 0;
}
```

运行结果：

```
I love China!
```

本例中通过引用字符数组元素，输出了一个字符串。可以看出，引用字符数组中的一个元素，可以得到一个字符。字符串在内存中的存放形式如图 3-7 所示。

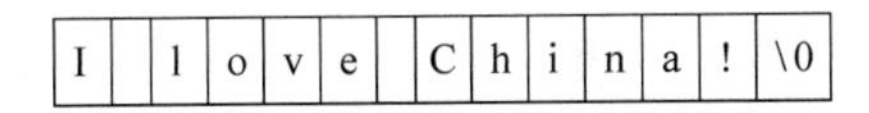

图 3-7 字符串在内存中的存放形式

2. 字符串及操作

字符串常量就是一对双引号括起来的字符序列，即一串字符，它有一个结束标志'\0'。因此，当把一个字符串存入一个数组时，也把结束标志'\0'存入数组。有了'\0'后，就不必再用字符数组的长度来判断字符串的长度了。

C语言允许用字符串的方式对字符数组进行初始化赋值。

例如：

```
char c[] = {"C program"};
```

或去掉{ }写为

```
char c[] = "C program";
```

由于采用了'\0'标志，所以在用字符串赋初值时一般无须指定数组的长度，而由系统自行处理。如果要指定数组的长度，那么其长度必须大于字符串中字符的个数，至少是字符串长度加1，因为字符数组中包含字符串结束标志'\0'。

可用printf函数和scanf函数一次性输入输出一个字符串，而不必使用循环语句逐个输入输出每个字符，此时使用"%s"格式符。

【例3-12】 由键盘输入一个字符串，并输出。

源程序：

```
#include <stdio.h>
int main( )
{
    char st[80];
    printf("input string:");
    scanf("%s",st);
    printf("output string:");
    printf("%s\n",st);
    return 0;
}
```

运行结果：

```
input string: books
output string: books
```

本例中由于定义数组长度为80，因此输入的字符串长度必须小于80，以留出一个字节用于存放字符串结束标志'\0'。

特别注意的是，当用scanf函数输入字符串时，以空格和回车作为输入字符串的分隔符，因此，字符串中不能含有空格。

例如，在上例中当输入的字符串中含有空格时，运行情况为

```
input string:this is a book ↙
output string: this
```

如果要输入包含空格的字符串，可用下面介绍的gets函数来实现。

【例3-13】 编程从键盘输入一个字符串(不含空格)和一个字符，删除该字符串中所有指定的字符，将结果保存到一个新的字符串中，并输出。

分析：del函数用于实现删除原字符串中指定的字符，形参数组str存放原字符串，形参数组s存放新字符串，形参变量c为要删除的指定字符。通过while循环，对数组str中的每个字符逐一与字符变量c进行比较，只要不相等就把当前字符存入新数组s中，变量i和j分别记录数组str和s的下标。

源程序：

```
#include <stdio.h>
#include <string.h>
void del(char str[],char s[],char c)
{
    int i = 0,j = 0;
    while(str[i]!= '\0')
    {
        if(str[i]!= c)                      /* 判断是否为指定的字符 */
            s[j++] = str[i];
        i++;
    }
    s[j] = '\0';                            /* 末尾添加字符串结束符'\0' */
}
int main( )
{
    char str[100],s[100],c;
    printf("请输入一个字符串：");
    scanf("%s%*c",str);                    /* %*c的作用是吃掉输入字符串后面的回车 */
    printf("请输入指定的字符：");
    scanf("%c",&c);
    del(str,s,c);
    printf("删除指定字符后的字符：");
    printf("%s\n",s);
    return 0;
}
```

运行结果：

```
请输入一个字符串：abcddcab1234
请输入指定的字符：c
删除指定字符后的字符串：abddba1234
```

3. 字符串处理函数

C语言提供了丰富的字符串处理函数，大致可分为字符串的输入、输出、合并、修改、比较、转换、复制、搜索几类，使用这些函数可大大减轻编程的负担。用于输入输出的字符串函数，在使用前应包含头文件“stdio.h”，使用其他字符串函数则应包含头文件“string.h”。

下面介绍几个最常用的字符串函数。

(1) 字符串输出函数puts。

格式：

```
puts(字符串)
```

功能：把字符数组中的字符串输出到显示器，即在屏幕上显示该字符串。其中，字符串既可以是一个字符串常量，也可以是存放字符串的字符数组名。

【例3-14】 在屏幕上显示字符串。

源程序：

```
#include <stdio.h>
int main( )
```

```
{
    char c[ ] = "BASIC\nDBASE";
    puts(c);
    return 0;
}
```

运行结果：

```
BASIC
DBASE
```

从程序中可以看出，使用 puts 函数时，其参数中可以包含转义字符，在字符串中有转义字符'\n'，因此输出结果成为两行。puts 函数通常用来输出字符串，当需要按一定格式输出时，通常使用 printf 函数。

（2）字符串输入函数 gets。

格式：

```
gets(字符数组)
```

功能：从键盘上输入一个字符串，并保存在字符数组中。

【例 3-15】 从键盘输入一个字符串并输出。

源程序：

```
#include <stdio.h>
int main( )
{
    char st[15];
    printf("input string:\n");
    gets(st);
    puts(st);
    return 0;
}
```

运行结果：

```
input string:
I love China!↙
I love China!
```

可以看出当输入的字符串中含有空格时，输出仍为整个字符串。用 gets 函数输入字符串时，只以回车作为输入结束，这是与 scanf 函数不同的。当输入的字符串中有空格时，最好使用 gets 函数输入。

（3）字符串连接函数 strcat。

格式：

```
strcat(字符数组 1,字符串 2)
```

功能：把字符串 2 代表的字符串连接到字符数组 1 中字符串的后面，并删去字符串 1 后的字符串结束标志，结果放在字符数组 1 中。其中，字符串 2 既可以是字符数组名，也可以是一个字符串常量。本函数返回值是字符数组 1 的起始地址。

【例 3-16】 连接两个字符串并输出。

源程序：

```
#include <stdio.h>
#include <string.h>
int main( )
{
    static char st1[30] = "My name is ";
    char st2[10];
    printf("input your name: \n");
    gets(st2);
    strcat(st1,st2);
    puts(st1);
    return 0;
}
```

运行结果：

```
input your name:
liping.↙
My name is liping.
```

说明：

① 字符数组 1 必须足够大，以便容纳连接后的新字符串。如果在定义时改用"str1[]="My name is";"就会出问题，因为定义 str1 时，系统根据初值字符串中字符个数 10，加上字符串结束标志'\0'，确定数组长度为 11，而连接后的字符串长度为 18，大于字符数组 str1 的长度，导致错误。

② 连接前两个字符串的后面都有一个'\0'，连接时将字符串 1 后面的'\0'取消，只在新串最后保留一个'\0'。

【思考】 连接两个字符串，如果不使用 strcat 函数应如何实现呢？

(4) 字符串复制函数 strcpy。

格式：

```
strcpy(字符数组 1,字符串 2)
```

功能：把字符串 2 中的字符串复制到字符数组 1 中。

【例 3-17】 复制字符串并输出。

源程序：

```
#include <stdio.h>
#include <string.h>
int main( )
{
    char st1[15],st2[ ] = "C Language";
    strcpy(st1,st2);
    puts(st1);
    return 0;
}
```

运行结果：

```
C Language
```

说明：

① 字符数组1必须定义得足够大，以便容纳被复制的字符串。即字符数组1的长度不应小于字符串2的长度。

② 字符数组1必须写成数组名形式（如str1），字符串2可以是字符数组名，也可以是一个字符串常量，如"strcpy(str1,"china");"的作用与例题中的strcpy(st1,st2)相同。

③ 复制时连同字符串后面的'\0'一起复制到字符数组1中。

④ 不能用赋值语句将一个字符串常量或字符数组直接赋值给一个字符数组，只能采用strcpy函数实现字符串的赋值。如下面两行都是不合法的。

```
str1 = {"china"};                    /* 错误 */
str1 = str2;                         /* 错误 */
```

(5) 字符串比较函数strcmp。

格式：

```
strcmp(字符串1,字符串2)
```

功能：按照ASCII码值顺序逐个比较两个字符串中的相应字符，直到出现不同的字符或遇到'\0'为止，如全部字符相同，则相等；若出现不相同的字符，则以第一个不相同的字符的比较结果为准。比较结果分为以下三种情况进行处理。

① 若字符串1=字符串2，返回值=0。

② 若字符串1>字符串2，返回值>0。

③ 若字符串1<字符串2，返回值<0。

本函数的两个参数既可以是字符串常量，也可以是字符数组。

【例3-18】 比较两个字符串的大小。

源程序：

```
#include <stdio.h>
#include <string.h>
int main( )
{
    int k;
    char st1[15],st2[ ] = "C Language";
    printf("input a string:\n");
    gets(st1);
    k = strcmp(st1,st2);
    if(k == 0)printf("st1 = st2\n");
    if(k > 0)printf("st1 > st2\n");
    if(k < 0)printf("st1 < st2\n");
    return 0;
}
```

运行结果：

```
input a string:
dbase↙
st1 > st2
```

本程序中把输入的字符串和数组st2中的字符串比较，比较结果返回到k中，根据k值再输出结果提示串。当输入为 dbase 时,由 ASCII 码可知,'d'的 ASCII 值大于'C'的 ASCII 值,"dBASE"大于"C Language",故 k>0,输出结果“st1>st2”。

(6) 求字符串长度函数 strlen。

格式:

```
strlen(字符串)
```

功能:计算字符串的实际长度(从第 1 个字符计算到字符串的结束标志'\0'为止,但不含'\0')并作为函数返回值。

【例 3-19】 求字符串的长度。

源程序:

```
#include <stdio.h>
#include <string.h>
int main( )
{
    int k;
    char st[ ] = "C language";
    k = strlen(st);
    printf("The lenth of the string is %d\n",k);
    return 0;
}
```

运行结果:

```
The lenth of the string is 10
```

下面通过一些例子,说明字符数组应用。

【例 3-20】 从键盘上输入一个字符串,存入数组中,要求将字符串中的大写字母转换成小写字母,小写字母转换成大写字母,非字母字符不变,并输出。

源程序:

```
#include <stdio.h>
void fun(char a[ ])
{
    int i;
    for(i = 0; a[i]!= '\0'; i ++)
    if(a[i] >= 'A' && a[i] <= 'Z')
        a[i] = a[i] + 32;
    else if(a[i] >= 'a' && a[i] <= 'z')
        a[i] = a[i] - 32;
}
int main()
{
    char a[80];
    gets(a);
    fun(a);
    puts(a);
    return 0;
}
```

运行结果：

```
I LOVE china 54.↙
i love CHINA 54.
```


【例 3-21】 输入 5 个国家的名称，按字母顺序排列输出。

分析：二维字符数组常用来处理多个字符串，5 个国家名称可以由一个二维字符数组 cs[5][20]来处理，其中，cs[i]代表第 i 个字符串。

源程序：

```
#include <stdio.h>
#include <string.h>
void sort(char cs[][20])                    /* 用简单选择法实现 5 个国家名称按字母顺序排序 */
{
    char t[20];
    int i,j,p;
    for(i=0;i<4;i++)
    {
        p=i;
        for(j=i+1;j<5;j++)
            if(strcmp(cs[j],cs[p])<0) p=j;      /* 比较两个字符串的大小 */
            if(p!=i)
            {
                strcpy(t,cs[i]);
                strcpy(cs[i],cs[p]);
                strcpy(cs[p],t);
            }
    }
}
int main( )
{
    char cs[5][20];
    int i;
    printf("input country's name:\n");
    for(i=0;i<5;i++)                            /* 输入 5 个国家名称 */
        gets(cs[i]);
    sort(cs);
    printf("After sort:\n");
    for(i=0;i<5;i++)                            /* 输出排序后的 5 个国家名称 */
        puts(cs[i]);
    return 0;
}
```

运行结果：

```
input country's name:
China↙
America↙
Spain↙
Japan↙
Australia↙
After sort:
```

```
America
Australia
China
Japan
Spain
```

任务 3：掌握数据的输入输出

学习情境 1：了解程序输入输出的概念

提到输入时，意味着要向程序填充一些数据。输入可以是以文件的形式或从命令行中进行。C 语言提供了一系列内置的函数来读取给定的输入，并根据需要填充到程序中。

提到输出时，意味着要在屏幕上、打印机上或任意文件中显示一些数据。C 语言提供了一系列内置的函数来输出数据到计算机屏幕上和保存数据到文本文件或二进制文件中。

C 语言把所有的设备都当作文件。所以设备（如显示器）被处理的方式与文件相同。以下三个文件会在程序执行时自动打开，以便访问键盘和屏幕，如表 3-6 所示。

表 3-6　C 语言标准输入输出

标准文件	文件指针	设备
标准输入	stdin	键盘
标准输出	stdout	屏幕
标准错误	stderr	用户的屏幕

文件指针是访问文件的方式，本节将讲解如何从键盘上读取以及如何把结果输出到屏幕上。

C 语言中的 I/O（输入/输出）通常使用 printf 和 scanf 两个函数。

scanf 函数用于从标准输入（键盘）读取并格式化，printf 函数发送格式化输出到标准输出（屏幕）。

```
#include <stdio.h>                    //执行 printf() 函数需要该库
int main()
{ printf("贵电院");                   //显示引号中的内容
return 0;
}
```

编译以上程序，输出结果为

```
贵电院
```

实例解析：

① 所有的 C 语言程序都需要包含 main 函数。代码从 main 函数开始执行。

② printf 用于格式化输出到屏幕。printf 函数在 stdio. h 头文件中声明。

③ stdio. h 是一个头文件（标准输入输出头文件），#include 是一个预处理命令，用来引入头文件。当编译器遇到 printf 函数时，如果没有找到 stdio. h 头文件，会发生编译错误。

④ “return 0;”语句用于表示退出程序。

%d 用于格式化输出整数。

```
#include <stdio.h>
int main()
{
int testInteger = 5;
printf("Number = %d", testInteger);
return 0;
}
```

编译以上程序,输出结果为

```
Number = 5
```

在 printf 函数的引号中使用"%d"(整型)来匹配整型变量 testInteger 并输出到屏幕。

%f 用于格式化输出浮点型数据。

```
#include <stdio.h>
int main()
{
float f;
printf("Enter a number: ");                //%f 匹配浮点型数据 scanf("%f",&f);
printf("Value = %f", f);
return 0;
}
```

学习情境 2: 掌握基本的输入输出(scanf、printf)

int scanf(const char *format,…)函数从标准输入流 stdin 读取输入,并根据提供的 format 来浏览输入。

int printf(const char *format,…)函数把输出写入标准输出流 stdout,并根据提供的格式产生输出。

format 可以是一个简单的常量字符串,但是可以分别指定%s、%d、%c、%f 等来输出或读取字符串、整数、字符或浮点数。还有许多其他可用的格式选项,可以根据需要使用。如需了解完整的细节,可以查看这些函数的参考手册。下面通过一个简单的实例来加深理解。

```
#include <stdio.h>
int main( )
{
char str[100];
int i;
printf( "Enter a value :");
scanf("%s %d", str, &i);
printf( "\nYou entered: %s %d ", str, i);
printf("\n");
return 0;
}
```

当上面的代码被编译和执行时,它会等待用户输入一些文本,当用户输入一个文本并按 Enter 键时,程序会继续并读取输入,显示如下。

```
Enter a value :runoob 123
You entered: runoob 123
```

在这里，应当指出的是，scanf 期待输入的格式与用户给出的%s 和%d 相同，这意味着用户必须提供有效的输入，如"string integer"。如果用户提供的是"string string"或"integer integer"，它会被认为是错误的输入。另外，在读取字符串时，只要遇到一个空格，scanf 就会停止读取，所以 "this is test" 对 scanf 来说是三个字符串。

学习情境 3：掌握字符输入输出

int getchar(void)函数从屏幕读取下一个可用的字符，并把它返回为一个整数。这个函数在同一个时间内只会读取一个单一的字符。可以在循环内使用这种方法，以便从屏幕上读取多个字符。

int putchar(int c)函数把字符输出到屏幕上，并返回相同的字符。这个函数在同一个时间内只会输出一个单一的字符。可以在循环内使用这种方法，以便在屏幕上输出多个字符。

请看下面的实例。

```
#include <stdio.h>
int main( )
{
int c;
printf( "Enter a value :");
c = getchar( );
printf( "\nYou entered: ");
putchar( c );
printf( "\n");
return 0;
}
```

当上面的代码被编译和执行时，它会等待用户输入一些文本，当用户输入一个文本并按 Enter 键时，程序会继续并只会读取一个单一的字符，显示如下。

```
Enter a value :runoob
You entered: r
```

学习情境 4：掌握字符输入输出

char gets(char * s)函数从 stdin 读取一行到 s 所指向的缓冲区，直到一个终止符或 EOF。

int puts(const char * s)函数把字符串 s 和一个尾随的换行符写入 stdout。

实例：

```
#include <stdio.h>
int main( )
{
char str[100];
printf( "Enter a value :");
gets(str);
printf( "\nYou entered: ");
puts(str);
```

```
return 0;
}
```

当上面的代码被编译和执行时，它会等待用户输入一些文本，当用户输入一个文本并按Enter键时，程序会继续并读取一整行直到该行结束，显示如下。


```
Enter a value :runoob
You entered: runoob
```

应用实例

应用实例1：

题目：求1+2!+3!+…+20!的和。

程序分析：此程序只是把累加变成了累乘。

```
#include <stdio.h>
 int main()
{
    int i;
    long double sum,mix;
    sum = 0,mix = 1;
    for(i = 1;i <= 20;i++)
    {
        mix = mix * i;
        sum = sum + mix;
    }
    printf("%Lf\n",sum);
}
```

以上实例输出结果为

```
2561327494111820313.000000
```

应用实例2：

题目：一个数如果恰好等于它的因子之和，这个数就称为“完数”。例如，6=1+2+3。编程找出1000以内的所有完数。

程序分析：

对n进行分解质因数，应先找到一个最小的质数k，然后按下述步骤完成。

(1) 如果这个质数恰等于(小于的时候，继续执行循环)n，则说明分解质因数的过程已经结束，另外打印出完数即可。

(2) 但n能被k整除，则应打印出k的值，并用n除以k的商，作为新的正整数n。重复执行第2步。

(3) 如果n不能被k整除，则用k+1作为k的值，重复执行第1步。

```
#include <stdio.h>
int main()
{
    int n,i;
    printf("请输入整数：");
```

```
    scanf("%d",&n);
    printf("%d=",n);
    for(i=2;i<=n;i++)
    {
        while(n%i==0)
        {
            printf("%d",i);
            n/=i;
            if(n!=1) printf("*");
        }
    }

    printf("\n");
    return 0;
}
```

以上实例输出结果为

```
请输入整数：90
90=2*3*3*5
```

应用实例3：

题目：求一个3×3矩阵对角线元素之和。

程序分析：利用双重for循环控制输入二维数组，再将a[i][i]累加后输出。

```
#include<stdio.h>
#define N 3
int main()
{
    int i,j,a[N][N],sum=0;
    printf("请输入矩阵(3*3)：\n");
    for(i=0;i<N;i++)
        for(j=0;j<N;j++)
            scanf("%d",&a[i][j]);
    for(i=0;i<N;i++)
        sum+=a[i][i];
    printf("对角线之和为：%d\n",sum);
    return 0;
}
```

以上实例输出结果为

```
请输入矩阵(3*3)：
1 2 3
4 5 6
7 8 9
对角线之和为：15
```

习　　题

一、单项选择题(题目中□表示空格)

1. 若有语句“int a,b,c;”,则下面输入语句正确的是(　　)。

A. scanf("%D%D%D",a,b,c);　　B. scanf("%d%d%d",a,b,c);

C. scanf("%d%d%d",&a,&b,&c);　D. scanf("%D%D%D",&a,&b,&c);

2. 有以下程序：

```
int main( )
{
    int a = 10,b = 20;
    printf("a + b = %d\n",a + b);                /* 输出计算结果 */
    return 0;
}
```

程序运行后的输出结果是(　　)。

A. a+b=10　　B. a+b=30　　C. 30　　D. 出错

3. 以下程序段的输出结果是(　　)。

```
int a = 1234;
printf(" %3d\n",a);
```

A. 1234　　B. 123　　C. 34　　D. 提示出错,无结果

4. 设变量均已正确定义,若要通过“scanf("%d%c%d%c",&a1,&c1,&a2,&c2);”语句为变量a1和a2赋数值10和20,为变量c1和c2赋字符X和Y。以下所示的输入形式中正确的是(　　)。

A. 10□X□20□Y↙　　B. 10X20Y↙

C. 10□X↙
20□Y↙　　D. 10X↙
20□Y↙

5. 已知字符'A'的ASCII代码值是65,字符变量c1的值是'A',c2的值是'D'。执行语句“printf("%d,%d",c1,c2-2);”后,输出结果是(　　)。

A. A,B　　B. A,68　　C. 65,66　　D. 65,68

6. 若有如下语句：

```
int a;
float b;
```

以下能正确输入数据的语句是(　　)。

A. scanf("%d%6.2f",&a,&b);　　B. scanf(" %c%f",&a,&b);

C. scanf("%d%f",&a,&b);　　D. scanf(" %d%d",&a,&b);

7. 有如下语句：

```
int k1,k2;
scanf(" %d, %d",&k1,&k2);
```

要给k1、k2分别赋值12和34,从键盘输入数据的格式应该是(　　)。

A. 12□□34　　B. 12,34

C. 12□□,34　　D. %12,%34

8. 有如下语句：

```
int m = 546, n = 765;
printf(" m = %5d,n = %6d",m,n);
```

则输出的结果是(　　)。

A. m=546,n=765　　B. m=546□□,n=□□□765

C. m=%546,n=%765　　D. m=□□546,n=□□□765

9. 有如下程序,这样输入数据25,12,14↙之后,输出结果是(　　)。

```
int main( )
{
    int x,y,z;
    scanf("%d%d%d",&x,&y,&z);
    printf("x+y+z=%d\n",x+y+z);
    return 0;
}
```

A. x+y+z=51　　B. x+y+z=41

C. x+y+z=60　　D. 不确定值

10. 有以下语句:

```
char c1,c2;
c1=getchar(); c2=getchar();
putchar(c1);putchar(c2);
```

若输入为a,b↙,则输出为(　　)。

A. a,　　B. a,b　　C. b,a　　D. b,

11. 有定义"int d;double f;",要正确输入,应使用的语句是(　　)。

A. scanf("%ld%lf",&d,&f);　　B. scanf("%ld%ld",&d,&f);

C. scanf("%ld%f",&d,&f);　　D. scanf("%d%lf",&d,&f);

12. 根据题目中已给出的数据的输入和输出形式,程序中输入和输出的语句正确的是(　　)。

```
#include<stdio.h>
int main( )
{
    int x;float y;
    printf("enter x,y:");
    /*此处为输入和输出语句*/
    return 0;
}
```

输入为2□3.4,输出为x+y=5.40。

A. scanf("%d,%f",&x,&y);
   printf("\nx+y=4.2f",x+y);

B. scanf("%d%f",&x,&y);
   printf("\nx+y=%.2f",x+y);

C. scanf("%d%f",&x,&y);
   printf("\nx+y=%6.1f",x+y);

D. scanf("%d%3.1f",&x,&y);
   printf("\nx+y=%4.2f",x+y);

13. 已知i、j、k为int型变量，若从键盘输入1，2，3<回车>，使i的值为1、j的值为2、k的值为3，以下选项中正确的输入语句是(　　)。

A. scanf("%2d%2d%2d",&i,&j,&k);

B. scanf("%d %d %d",&i,&j,&k);

C. scanf("%d,%d,%d",&i,&j,&k);

D. scanf("i=%d,j=%d,k=%d",&i,&j,&k);

14. 已知“int a,b;”，用语句“scanf("%d%d",&a,&b);”输入a,b的值时，不能作为输入数据分隔符的是(　　)。

A. ，　　B. 空格　　C. 回车　　D. Tab键

15. 以下程序不用第三个变量，实现将两个数进行对调的操作，请填空(　　)。

```
#include<stdio.h>
int main()
{
  int a,b;
  scanf("%d%d",&a,&b);
  printf("a=%d b=%d",a,b);
  a=a+b;b=a-b;a=______;
  printf("a=%d b=%d\n",a,b);
  return 0;
}
```

A. a=b　　B. a-b　　C. b*a　　D. a/b

16. 下列程序段的输出结果为(　　)。

```
float x=213.82631;
printf("%3d",(int)x);
```

A. 213.82　　B. 213.83　　C. 213　　D. 3.8

17. 设变量定义为“int a, b;”，执行下列语句时，输入(　　)，则a和b的值都是10。

```
scanf("a=%d, b=%d",&a, &b);
```

A. 10 10　　B. 10，10　　C. a=10　b=10　　D. a=10，b=10

二、阅读程序题

1. 以下程序运行时若从键盘输入10 20 30↙。输出结果是__________。

```
#include<stdio.h>
int main( )
{
    int i=0,j=0,k=0;
    scanf("%d%d%d",&i,&j,&k);
    printf("%d%d%d\n",i,j,k);
    return 0;
}
```

2. 以下程序运行后的输出结果是________。

```
#include<stdio.h>
int main( )
{
```

```
    int x = 0210;
    printf(" % x\n", x);
    return 0;
}
```

三、程序设计题

1. 从键盘上输入两个浮点数，计算和、差、积、商，将结果保留两位小数输出。
2. 使用 printf 函数编写程序，运行时显示如图 3-8 所示界面。

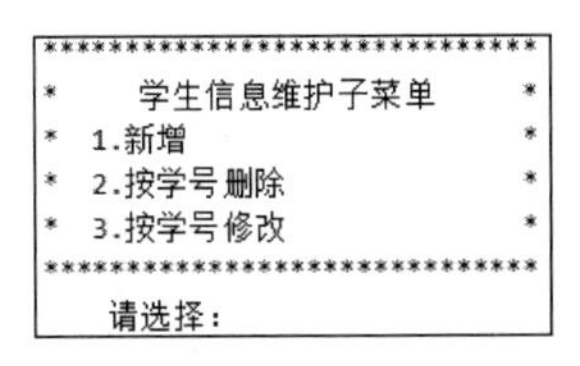

图 3-8　程序运行界面

3. 从键盘输入两个字符，并输出它们的后序字符。例如，输入 aP，输出 bQ。

项目4 学习C语言程序结构

任务1：掌握程序的选择结构

学习情境1：了解C语言的语句(代码块、顺序、空语句、注释语句)

1. 代码块

代码块是一段连续的，不能分割的C语言代码。由“{”、C语言代码和“}”组成，即用“{}”括起来的部分，我们称其为代码块。其结构如图4-1所示。

```
#include<stdio.h>
int main()
{
 int i=1;              代码块
 int j=2;
 scanf("%d %d",&i, &j);
 printf("%d \n",i+j);
 return 0;
}
```

图4-1 代码块

2. 顺序结构

顺序结构顾名思义，一切按照顺序来，一步一步往下运行。例如，每次上课前，老师会拿着一个名单，按照名单上的顺序依次点名并要求学生答到，一般情况下不会出现点了第一个同学的名字，接着点最后一个同学的名字，因为这样点名花的时间长并且不方便。顺序结构也是按照顺序依次进行的。顺序结构指程序没有分支，按照代码排列顺序自上而下依次执行。

【例4-1】 求两个数的和。

```
#include<stdio.h>
int main()
{
int i = 1;
int j = 2;
scanf("%d %d",&i,&j);
printf("%d \n", i + j);
return 0;
}
```

3. 空语句

C语言中的空语句是一种仅由“;”组成，不执行任何操作的语句。空语句实际上并不能执行任何语句，对于程序员来说没有意义。在了解空语句前，先看一个图书馆占座的例子。图书馆占座情况大家都不陌生，有的同学为了避免下课后在图书馆抢不到座位，会在上课前提前去图书馆放一本书占个位置，等下课后使用或者根据自己的情况提供给其他同学使用。空语句也是一样的，只是占了一个位置，其他什么都没有做。但由于编程语言的规范性和便于后期语句的扩充，需要用空语句占位。

【例 4-2】 使用三目运算符判断正确或错误。

在没有空语句填充三目运算符间的空缺的话，程序是会报错的，因此用空语句完成想要的结果。

```
#include <stdio.h>
int main()
{
;
return 0;
}
#include <stdio.h>
int main()
{
i = 0;
for(;i < 1;)
{
i = i + 1;
}
printf(" %d",&i)
return 0;
}
```

4. 注释语句

第一次学习“锲而不舍”成语的时候，会看到“锲而不舍：不断地镂刻，比喻有恒心，有毅力；在句中可充当谓语、定语、状语；含褒义”。“:”后面是对该成语的解释说明。所以在C语言中的注释也是一样的，是对代码功能的解释说明。不同的是，在C语言中，不是使用“:”，而是使用“//”或者“/*”。在编写C语言代码时，建议多使用注释，这样有助于理解代码。

注释方式有两种：第一种是以“/*”开始、以“*/”结束的块注释；第二种是以“//”开始、以换行符结束的单行注释。

【例 4-3】 求两个值的和。

```
#include <stdio.h>
int main()
{
int i = 1;
int j = 2;
scanf( "%d %d" ,&i,&j);                    //键盘输入变量i和j的值
printf ( "%d\n" , i + j);                  /*输出变量i和j的和*/
return 0;
}
```

单行注释中是对 scanf 函数的说明，多行注释中是对 printf 函数的说明，多行注释并不是以换行符结束，而是以“ * /”结束，即以“/ * ”开始到“ * /”结束的区域，都是注释。

学习情境 2：掌握 C 语言单分支选择结构

学习 if 语句前，先看一个例子。决策大家应该不陌生，通俗地说，就是人们为某件事情拿主意，下决心做出合理选择的过程。计算机的主要功能，是提高用户计算能力，但在计算过程中会遇到很多情况，针对不同的情况，会采取不同的处理方法，这就要求程序开发语言要有处理决策的能力。分支结构就像一棵树，每到一个分节点都会做决策，也像人们在十字路口时，需要决策方向，不同的分支代表不同的决策。

如图 4-2 所示，小王的出发起点是一个十字路口，终点是右下角的文具店，那么小王怎样走能走到终点呢？人们日常生活中也会遇到寻路的问题，这个寻路的过程就是不断地选择和执行。现在小王走在十字路口，可以看到两种方式都能使他达到终点，这里假设他行驶的路线是第 1 个十字路口向东走，第 2 个十字路口向南走，第 3 个十字路口向东走 50m，就达到终点文具店了。下面看一下小王是怎样完成这个过程的。站在第 1 个路口首先找到东，如果是东则行走，否则就继续寻找东方，寻找到东方后，沿着东方行走至第 2 个十字路口，还要进行判断，这次判断条件为是否是南方，如果是南方，则沿着南方行走，否则继续寻找南方，寻找到南方后沿着南方行走至第 3 个十字路口，还要进行判定，如果是东方，则沿着东方行走，否则继续寻找东方，最后东行 50m 找到文具店到达终点。

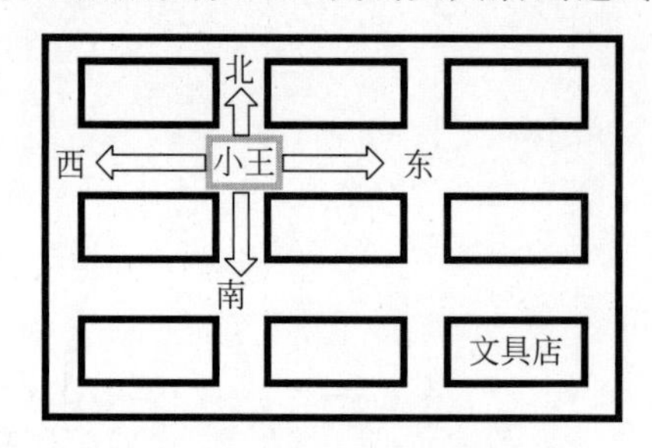

图 4-2　小王找文具店图

通过这个例子可以看到这就是一个分支结构，每到一个节点就要做一个决定，不同的分支代表不同的决定。在程序中使用选择判断语句来做决策，选择判断是编程语言的基础语句，在 C 语言中有三种选择判断语句，分别为 if 语句、if else 语句以及 else if。同时也提供了 switch 语句，简化多分支决策的处理。

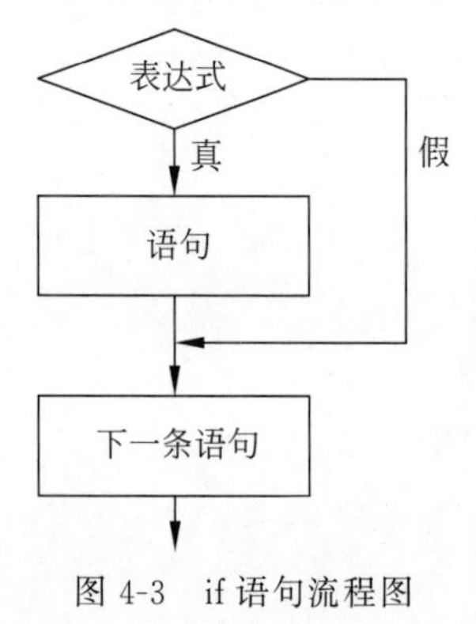

图 4-3　if 语句流程图

1. if 语句

if 语句有两种语法，第一种语法如语法 1 所示，if 语句的后面加一个圆括号，圆括号里面是一个表达式，后面接一个花括号，如果表达式为真，就执行下面的语句，如果表达式为假，就会跳过花括号内的所有语句，继续执行花括号外的语句。第 2 种语法如语法 2 所示，没有花括号，如果表达式的结果为真，那么就执行圆括号后面的语句；如果表达式为假，那么就跳过这条语句执行后面的语句。整个判断的过程流程图如图 4-3 所示，如果 if 语句判断的表达式为真，就会执行设计好的一句；如果表达式判断为假，就会跳过这条语句执行下一条语句。

```
语法 1:                 语法 2:
if(表达式){             if(表达式)
语句;                   语句;
}
```

下面来看一个例子，如果我们赚了 6000 万元，那么银行账户里面有 6000 万元，我们可以去买豪车，买完豪车之后我们按时吃饭睡觉，但是银行账户里面有 6000 万这个表达式是假的话，那么账户上就没有这 6000 万元了，也没有豪车了，但还是要按时吃饭睡觉，那这个过程如图 4-4 所示的流程图，有 6000 万元就买豪车，但是不管有没有 6000 万元，最后都是要按时吃饭睡觉，之前的决定不会影响到最后的生活。

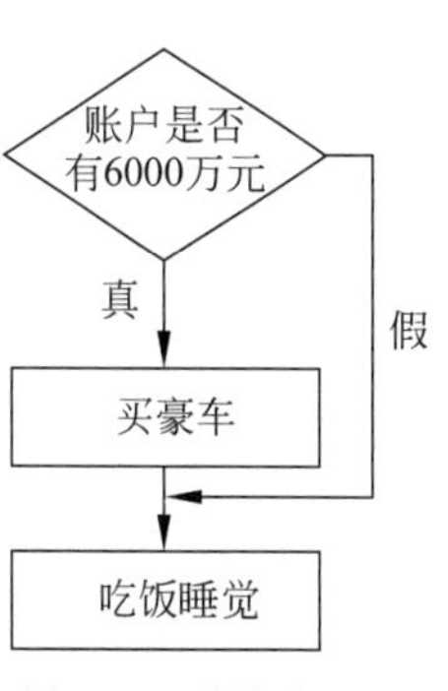

图 4-4　赚钱流程图

```
if(赚了 6000 万元)
{账户有 6000 万元;
买豪车;
}
```

接下来做一个模拟到银行取钱的场景。输出卡的密码，这要怎么做呢？参考图 4-4 赚钱流程图，判断密码是不是 404328，如果正确，就输出可以取钱的语句，如果输出密码错误，就直接输出密码。下面看一下它的代码，首先是头文件，然后定义了主函数。在主函数中定义了一个变量用来表示密码，然后用 printf 函数输出了一个提示信息，用 scanf 函数输入密码，接下来用 if 语句判断输入的密码是否和已设定的 404328 相同，如果相同，就用 printf 输出可以取钱的提示，在 if 语句执行完后，用 printf 输出密码，无论 if 是否满足 404328 这个条件，最终都会输出密码，最后用 return 0 表示程序结束。

【例 4-4】 判断输入值是否正确。

在控制台上提示输入一个密码，通过键盘输入 404328，就输出了可以取钱和密码是 404328 的字符。

```
#include <stdio.h>
int main()
{
int code;
puts("please enter code:");
scanf( %d,&code);
if(code == 404328)
{
printf("enter the password correctly,can take money\n");
}
printf("密码是: %d\n",code);
return 0;
}
```

if 语句易错点提醒。因为 if 语句有两种语法，所以容易弄混淆弄错。我们来看两个常见的错误，如果我们赚了 6000 万元，原括号之后写了一个分号，后面没有语句，就什么也不做，这时又添加了一个花括号，花括号里面写了其他语句，这时候 if 就不能控制花括号中的内容，即当我们没有6000万元，也可以买豪车，产生这个错误的主要原因是“if(表达式)”后多加了一个分号。第二个错误的例子，还是赚了6000万元，账户有了6000万元，买豪车也是错的，错误点在哪里？因为没有加花括号，这样只会控制表达式后第1个语句，如果是账户有了6000万元这句，而买豪车这句仍然不受表达式结果的影响，即不管是挣不挣6000万元，都会去买豪车。

```
if(赚了 6000 万元);
{
账户有 6000 万元;
买豪车;
}
```

```
if(赚了 6000 万元)
账户有 6000 万元;
买豪车;
```

【例4-5】 判断是否能通过考试。

分析：在主函数中定义一个变量，用puts函数输出提示，用scanf函数输入成绩，根据学习经验，如果成绩大于60，就表示通过这个考试，并且输出考试成绩，如果小于60，就输出成绩，并且显示没有通过考试。

```
#include<stdio.h>
int main()
{
int score;
puts("please enter score:");
scanf( %d,&score);
if(score>=60)
{
printf("your grade is %d\n",score);
printf("pass the exam\n");
}
if(score<60)
{
printf("your grade is %d\n",score);
printf("Don't pass the exam \n");
}
return 0;
}
```

2. if else语句

学习了if语句，再看一下if else语句。if else语句是条件语句中最常用的一种形式，它会针对某种条件有选择地做出决定，通常表现为如果满足某个条件就进行某项处理，否则就进行另一项处理。看一下流程图(见图4-5)，如果表达式为真，那么就执行语句1；如果表达式为假，那么就执行语句2。语句1和语句2，只能二选一来执行，不能同时或者连续进行。

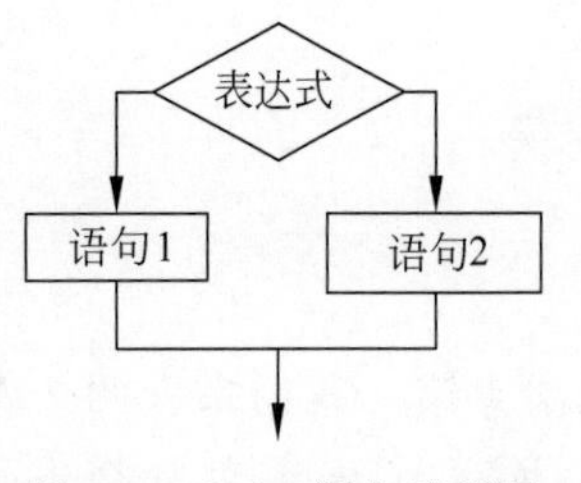

图4-5　if else语句流程图

```
if(表达式){
语句 1;
}else{
语句 2;
}
```

下面通过一个例子来理解，还是赚钱买车的例子。如果赚了6000万元，那么就可以买豪车，否则就买电动车，不管是买豪车还是买电动车，最后还是按时吃饭睡觉。如果赚了6000万元为真，就买豪车，如果赚了6000万元为假，就买电动车，然后按时吃饭睡觉。

```
if(赚了6000万元){
买豪车;
}else{
买电动车;
}
按时吃饭睡觉;
```

下面来做一个练习。选择餐桌就餐，首先看一下流程图(图4-6)，总共分为两种情况，让一个数与8比较，判断是否小于8，如果这个表达式为真，就安排相应的座位餐桌就餐，如果为假，就安排豪华包房就餐。流程了解清楚后，看一下代码。首先是头文件，然后是主函数，在主函数中定义了一个变量num，表示就餐人数，然后用puts函数输出一个提示信息，提示输入就餐人数，用scanf函数从键盘获取用户输入的人数数字，然后用if else判断这个人数是否小于或等于8，如果小于或等于8，就用printf输出安排相应的餐桌就餐。如果大于8，这里用到了else，就用printf输出安排豪华包房就餐。从程序中可以看到，这个程序使用了if else判断语句，判断条件就是就餐人数是否小于8。理解了程序算法后，编译并运行，在控制台上提示输入一个就餐的人数，例如输入10，就会输出安排豪华包房就餐，具体操作请自行在编程软件上实践。

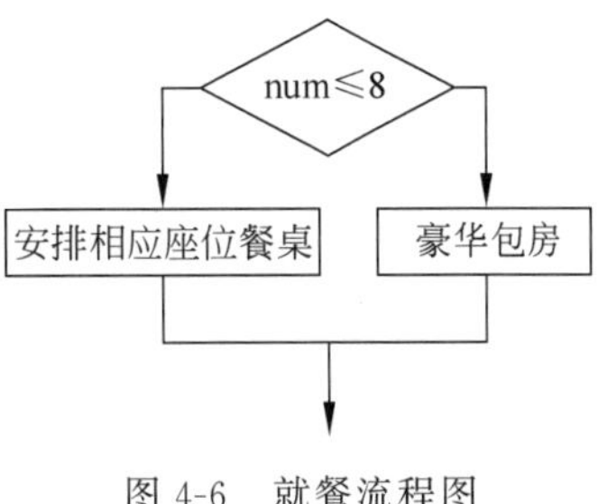

图4-6　就餐流程图

```
#include<stdio.h>
int main()
{
int num;
puts("please input the number of meals:");
scanf(%d,&num);
if(num<=8)
{
printf("Arrange %d people dining table\n",num);
}
else
{
printf("Arrange luxurious private romms\n");
}
return 0;
}
```

if else常见错误。还是赚了6000万元的问题，如果加了一个else，可以在if else之间再写一个if语句，两个if语句都没有写花括号，那么“今天买豪车”与哪个if匹配呢？答案是与最外层的if子句相匹配，如果想将if语句匹配给最后出现的if语句，为了使else和最外层的if子句相匹配，这时就可以使用花括号。这是其中一个错误。else还有另外一种错误：单独写一个else语句。这种写法也是错误的，因为else不能单独使用，必须和关键字if一起配合使用。

```
if(赚了6000万元)
  if(今天到账)
        今天买豪车;                  else(没中500万元)
else                                       买电动车;
  买电动车;
```

【例4-6】 判断何年是闰年。

在写代码之前,要知道的是闰年的判断条件。能被4整除且不能被100整除的年份或能被400整除的年份,称为闰年。

```
#include<stdio.h>
int main()
{
int year;
printf("please enter a year\n");
scanf(%d,&year);
if((year%4==0)&&(year%100!=0)||(year%400==0))
{
printf("%d is a leap year\n",year);
}
else
{
printf("%d isn't a leap year\n",year);
}
return 0;
}
```

在主函数中定义了一个year表示年,用printf函数输出提示信息,用scanf函数输入年份,然后用if语句判断年为闰年的条件,然后用printf输出,某个年份是闰年,如果不满足这个条件,用printf输出某年不是闰年。编译并运行这个程序,在控制台上会提示输入一个年份,例如,通过键盘输入2017,那么程序就会输出2017年不是闰年。

学习情境3:掌握C语言多分支选择结构

C语言多分支选择结构通常可以使用if else if和switch语句来实现。

1. if else if语句

来看一个商品竞猜游戏,游戏规则是,用户通过键盘输入一个需要猜测的商品价格,如果输入的数字比商品实际价格的数字小,系统会显示"您猜小了";如果输入的数字大于商品实际价格数字,系统会显示"您猜大了";如果用户输入的数字等于商品实际价格的数字,系统会显示"您猜对了"。

【例4-7】 商品竞猜游戏。

分析:在控制台上会显示让我们猜一个数,例如,如果输入89,89比97小,会显示"您猜小了",当面临多个选择时,if else语句就不会达到我们想要的结果,怎么办呢?

```
#include<stdio.h>
int main()
```

```
{
int price = 97,gue;
printf("please enter a number:\n");
scanf( % d,&gue);
if(gue < price)
{
printf(" % d 您猜小了\n");
}
if(gue > price)
{
printf(" % d 您猜大了\n");
}
else
{
printf("您猜对了 r\n");
}
return 0;
}
```

if else if 是多分支语句，我们来看这个流程图(图 4-7)，当表达式 1 为真时，执行语句 1，当表达式为假时，会判断表达式 2，如果表达式 2 结果为假，就会跳到表达式 3，以此类推，如果表达式结果一直为假，就会一直跳到下一个表达式继续判断，除非有其中一个表达式为真或者已经到了最后一层判断，才会结束。其语句的语法如下，else 与 if else 配合使用，形成多分支语句。

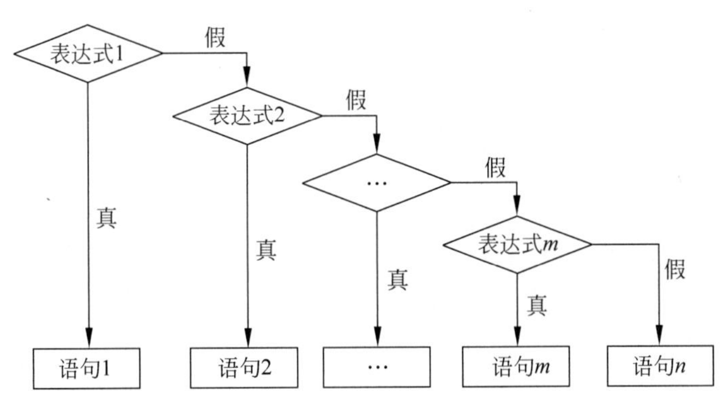

图 4-7　if else if 语句流程图

```
if(表达式 1){
语句 1;
}else if(表达式 2){
语句 2;
…
}else if(表达式 m){
语句 m;
}else{
语句 n;
}
```

下面举例对这个多分支语句进行理解。如图 4-8 所示，如果买彩票中了 500 万元以上，就买兰博基尼；如果中的是 250 万元到 500 万元，就买卡宴；如果是 50 万元到 200 万元，就买奔驰；如果中的是0～50万元，就买奥迪；如果没中，就要再接再厉。第一个条件使用if判断，第二个条件就用else if判断，第三个和第四个也用else if判断，最后是else语句后接再接再厉。

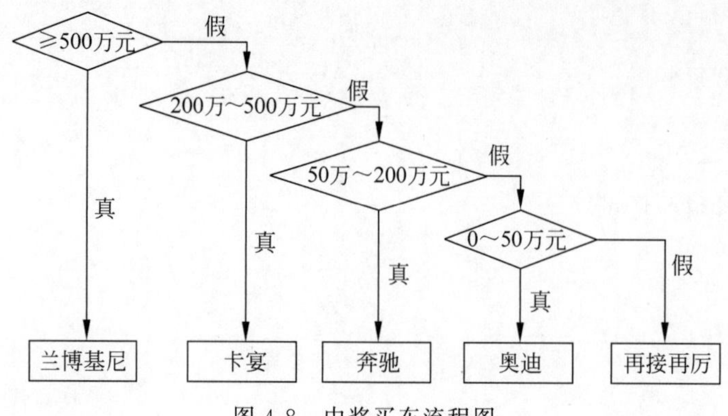

图 4-8 中奖买车流程图

【例 4-8】 过关游戏。

分析：主函数中定义了一个变量，用来表示关卡的序号，然后用printf输出了一个提示，提示输入关卡数量，接着用scanf函数从键盘中获取用户输入的一个数，也就是过关的数量num，然后用if判断用户从键盘输入的这个数是否等于1，如果等于1，就用printf输出进入第1关，然后用else if判断num是否等于2，如果等于2，那么就用printf输出进入第2关，接下来用else if判断这个数是不是等于3，如果等于3，就用printf输出进入第3关，否则就用else判断进入num关。这里使用了if、else if、else if、else语句搭配使用，如果用户输入的数字满足其中的条件，就会进入相应的语句块内执行语句。

```
#include<stdio.h>
int main()
{
int num;
printf("please enter censorship:\n");
scanf(%d,&num);
if(num==1)
{
printf("the current into first level\n");
}
else if(num==2)
{
printf("the current into second level \n");
}
else if(num==3)
{
printf("the current into third level \n")}
else{
printf("the current into the %d level \n",num)}
return 0;
}
```

在控制台上提示输入一个数据，如果输入一个3，程序就会提示进入了第3关。

【例 4-9】 测试立体感和反应速度。

分析：帮助老师测试同学的立体感和反应速度。具体思路是：老师说 1,同学就在最短的时间内说出圆锥的主视图形状；老师说 2,同学在最短时间内说出圆锥的俯视图形状；老师说数字 3,同学在最短时间内说出圆锥左视图的形状。

```
#include<stdio.h>
int main()
{
int num;
printf("please enter a num:\n");
scanf(%d,&num);
if(num==1)
{
printf("the main view is triangle\n");
}
else if(num==2)
{
printf("the top view of cone is circular \n");
}
else if(num==3)
{
printf("the left view of the cone is a triangle \n")}
return 0;
}
```

代码在主函数中同样是定义了一个变量 num,用 printf 输出一个提示,提示输入一个数字,然后用 scanf 函数获取键盘上用户输入的数字,再用 if 语句进行判断,如果用户输入的数字是 1,那么程序就输出主视图是一个三角形,否则用 if 语句判断,如果用户输入的数字是 2,那么程序就输出俯视图是一个圆形,然后用 if 语句判断这个数字是否等于 3,如果输入的数字是 3,那么就用 printf 函数输出,左视图是一个三角形。这个程序的主要功能是,老师随便输入一个数字,系统就立即显示出这个圆锥的三视图形状。在控制台上会提示输入一个数据,例如输入 2,控制台就会输出一个圆形的俯视图。

2. if 语句嵌套

if 语句嵌套,就是一层 if 里面还包含着一层 if,它的形式如下。这只是 if 语句嵌套了一个 if,当然也可以嵌套多个 if,多重嵌套语法格式如下所示。先来看嵌套语句的格式。当表达式 1 为真时,然后又进行了一个判断,如果表达式 2 为真,则执行语句 1,否则就执行语句 2,如果表达式 1 为假,则进入 else,判断表达式 3,为真就执行语句 3,否则就执行语句 4。这就是 if else 嵌套的形式。

嵌套语句：

```
if(表达式 1)
{
  if(表达式 2)
    语句 1;
  else
    语句 2;
}
```

多重嵌套语句：

```
if(表达式 1)
{
  if(表达式 2)
    语句 1;
  else
    语句 2;
}
else
{
  if(表达式 3)
    语句 3;
  else
    语句 4;
}
```

【例 4-10】 时间去哪儿了。

分析：输入一周内相应天数，会显示对应天数需要做的活动。来看实现的代码，代码里首先是头文件，然后定义了主函数，在主函数中定义了变量 iDay，表示用户需要输入的一周内对应的某一天，也就是 Monday＝1，Tuesday＝2，Wednesday＝3，Thursday＝4，Friday＝5，Saturday＝6，Sunday＝7，接着用 printf 函数输出一个提示，提示输入一周中的某一天，用 scanf 函数获取用户通过键盘输入的对应星期数字，最后用 if 判断这个数字的具体情况。如果 iDay 大于 5，那么再进行判断；如果等于 6，那么就输出和朋友去逛街，否则就在家休息；如果 iDay 小于或等于 Friday，即 1～5，那么就进入 else if 语句。进入 else 语句后再进行一次判断。如果这个 iDay 等于 Monday 即星期一，那么用 printf 函数输出“开会”；如果 iDay 不等于 Monday 而是等于 2～5，那么用 printf 函数输出“和同事工作”。

```
#include<stdio.h>
int main()
{
int iDay = 0;
int Monday = 1, int Tuesday = 2, int Wednesday = 3, int Thursday = 4, int Friday = 5, int Saturday
 = 6, int Sunday = 7;
printf("please enter a day of Week to get course:\n");
scanf( % d,&iDay);
if(iDay > Friday)
{
if(iDay == Saturday)
{
printf("Go shopping with friends \n");
}else
{
printf("At home with families \n");
}
}
else if(iDay == Monday)
{
printf("Having a metting in the company\n");
```

```
}
else {
printf("working with partner \n")}
return 0;
}
```

在控制台上提示输入今天是星期几，如输入6，那么控制台就会输出“Go shopping with friends”。

3. switch语句

在编程中，常见的问题是检测一个变量是否符合设置的某个条件，如果不符合，就再用另一个值来检测。我们在学校里期末成绩经常按照分数划分等级，如90～100是优秀，80～90是良好，70～80是好，60～70是及格，小于60是不及格。对于这类问题应细化成多个层次的结构，可以使用if判断语句实现，但当分支足够多的时候，if语句就会造成代码混乱，可读性也会很差，甚至使用不当就会产生表达式上的错误。

所以仅有两个分支或分支较少的时候使用if判断语句，如果在分支比较多的时候，就用switch语句。它的一般格式如下，这里的表达式是一个算术表达式，需要计算出表达式的值，并且其值应该是一个整型或者是一个字符型。switch的表达式是分支的入口，用switch表达式中的值逐一和case语句中的值比较，如果表达式的值与其中一个case语句中的值匹配，则执行case后面的语句，直到遇到break语句停止或结束。如果所有都没有匹配成功，就执行default语句。break语句是终止当前的控制流，这里的意思是跳出switch语句，继续执行switch后面的语句，default相当于else的功能，可以不写，如果不写，case分支语句中没有匹配成功时，就不进行任何操作，直到此位置的控制语句结束。

```
switch(表达式)
{
case 常量表达式 1:
                语句 1;
                break;
case 常量表达式 2:
                语句 2;
                break;
...
case 常量表达式 n:
                语句 n;
                break;
default:
                语句 n+1;
                break;
}
```

图4-9是switch语句的流程图。我们判断一个switch语句，如果表达式1的值为真，就执行语句1，如果表达式1的值为假，就继续判断表达式2，如果表达式2的值仍然是假，就继续判断表达式3，如果遇到表达式值是真时，就执行后面所对应的语句，如果表达式值全是假，就执行default后面的语句。

【例4-11】 根据用户通过键盘输入的字符判断成绩数字所对应的等级。

分析：定义规则为90～100对应优秀，80～90对应良好，70～80对应好，60～70对应及

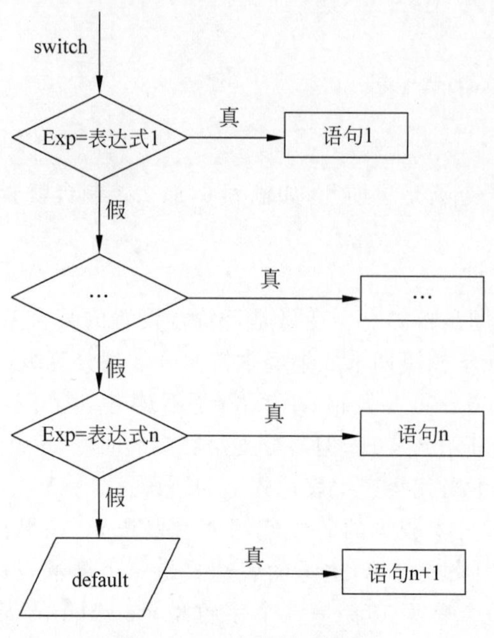

图 4-9　switch 语句流程图

格，小于 60 对应不及格。具体的代码实现如下。从代码中可以看到，首先定义的是头文件，然后定义了主函数，在主函数中定义了 char 型变量，表示分数对应的等级，然后用 printf 函数输出了一个提示，用 scanf 函数获取用户通过键盘获取输入的等级，然后用 printf 函数又输出了一个提示，接下来就是 switch 和 case 语句，用 switch 语句判断输入的是 A～F 当中的哪一个。如果输入的是 A，就用 printf 输出 90～100；如果输入的是 B，就用 printf 函数输出 80～89；如果输入的是 C，就用 printf 输出 70～79；如果输入的是 D，就用 printf 输出 60～69；如果输入的是 F，就用 printf 输出小于 60；如果都不满足，即除了输入 A～F，输入其他字符时，就会用 printf 输出“你输入的字符有误”。可以看到，每一个 case 语句都会有一个 break 与其相对应，来保证输入字符后，输出相应的成绩段，然后跳出判断。

```
#include<stdio.h>
int main()
{
int grade;
printf("please enter a grade:\n");
scanf(%d,&grade);
switch(grade)
{
case'A':
printf("90～100\n");
break;
case'B':
printf("80～89\n");
break;
case'C':
printf("70～79\n");
break;
```

```
case'D':
printf("60～69\n");
break;
default:
printf("error!!!\n");
return 0;
}
```

在控制台上提示输入一个等级，例如输入 B，在控制台上就输出成绩段是 80～89。

4. switch 语句 case

在 C 语言中，switch 语句就能实现多路开关的功能，它是怎样实现的呢？前面已经介绍了 switch 语句的一般形式，是每一个 case 语句后都有一个 break，如果把 break 去掉会怎么样呢？那就会成为 switch 语句的多路开关模式。

【例 4-12】 根据用户通过键盘输入的字符判断季节中对应的月份。

分析：一年有四个季节，从 12 月开始计算，12 月、1 月和 2 月为冬季，3 月、4 月和 5 月为春季，6 月、7 月和 8 月为夏季，9 月、10 月和 11 月为秋季。

```
#include<stdio.h>
int main()
{
int month;
printf("please enter a month:\n");
scanf(%d,&month);
switch(month)
{
case3:
case4:
case5:
printf("%d is spring\n",month);
break;
case6:
case7:
case8:
printf("%d is summer\n",month);
break;
case9:
case10:
case11:
printf("%d is autumn\n",month);
break;
case12:
case1:
case2:
printf("%d is winter\n",month);
break;
default:
printf("error!!!\n"):
return 0;
}
```

主函数中定义了一个变量 month，这就是需要通过键盘输入的月份，再用 printf 函数输出一个提示，提示输入一个月份，然后用 scanf 函数获取用户通过键盘输入的月份数字，接下来用 switch 和 case 语句实现输入月份的对应季节，那么 switch 语句就是用来根据月份划分季节。当输入数字 3、4 或 5 时，程序都会输出月份是春季，可以看到 3、4 和 5 的 case 只用了一个 break，这个形式就是多路开关的模式，6、7 和 8 的 case 只用了一个 break，程序输出的是夏季，输入的数字是 9、10 和 11，程序就会通过 printf 函数输出是秋季，同样这里也只用了一个 break，输入的是数字 12、1 和 2，程序就会通过 printf 函数输出冬季，这里也只用了一个 break，否则用 printf 函数输出“错误”，表示无此月份。可以看到，这里是三个 case 语句之后都只加了一个 break，也就是说，在输入数字 3、4 和 5 中任意一个数字时，都会输入“是春季”这句话。这就是 switch 多个 case 的使用情况。程序理解后，同学们可以根据代码自己在编译器上编写并编译运行。在控制台上提示输入一个月份，例如，输入数字 4，会在控制台上输出“4 月份是春季”这句话。

任务 2：掌握程序的循环结构

学习情境 1：掌握单重循环语句

在掌握了程序的选择结构的语法格式和使用后，下面学习循环语句的语法和使用。一说到循环，大家能想到的应该是在一定条件下重复地做着一件事情，这也是计算机代替人类工作最重要的一个原因。计算机代替人类做重复性的操作，会大大提高工作效率，人们可以腾出更多的时间和精力做其他事情。因此，可以使用循环来让计算机为我们重复做一件事情。本任务是学习三种循环机构，分别是 while 循环、do while 循环和 for 循环。

在介绍每一个循环之前，会先引入一个小故事帮助同学们理解，学习完这三个循环后，还会学习多重循环，即循环嵌套，就像条件判断语句的流程一样，循环也是可以嵌套的。

首先看一个生活中的例子。如果长时间不吃东西，就会有一定的饥饿感，这时就会想要吃东西填饱肚子。现在假定通过吃包子来充饥，我们都有一个体力值指标，作用是衡量我们还有多少体力。假定同学的体力值是 100 时，就是吃饱状态，超过这个数值，就认为同学吃撑了。现在一个人的体力值只有 20，他会有饥饿的感觉，那么就会通过吃包子补充能量，吃包子的动作是一个吃完接着吃下一个，那么现在假定吃一个包子能回升 10 个点的体力，这个人只要没吃饱，就还想再吃一个，直到体力值达到 100 为止。这整个过程就是一个循环的过程。

体力值：20

包子：8

图 4-10　吃包子示意图

首先，有一个初始的状态，这个初始状态就是没执行循环之前的状态，如图 4-10 所示，即体力值为 20。现在一共有 8 个包子，吃完这 8 个包子，体力值正好达到 100，可以看到，他的体力值此时是 20，会觉得饿，那么他要吃包子，需要满足什么条件呢？包子此时的数量是 8，第一种情况是，如果包子没了，他就不能再吃了。第二种情况是他的体力值达到 100，就不再吃包子了。每吃一个包子，包子的数量就会相应减少一个，他的体力值也会对应增加 10，循环重复吃包子的动作。可以看到，最初总共是有 8 个包子，体力值是 20。我们开始吃包子，包子的数量就会减少 1 个，对应的体力值也就会回升 10 个点，当剩下 7 个包子时，接着包子的数量又减少一个，相应的体力值又会回升 10 个点……如此循环下去，一共会循环几次呢？可以看到，一共有 8 个包子，循环了 8 次，当同学吃到最后一个包子时，包子数量就会为 0，即没有包子可以吃了。

吃包子这件事与本章的循环有一定的联系，首先有一个初始的状态，即体力值是 20，包子数量是 8，然后满足了一个条件，即包子数量要大于 0，也就是说，要有包子才可以进行下面的事情，那么每执行一次吃包子的动作，包子的数量就会对应少 1，体力值也会对应增加 10 个点，直到没有包子，整个循环也就结束了。

这就是一个循环过程。最初的一个状态，就像一个用来比赛的跑道，会有入口和出口，入口有一定的满足条件，在吃包子循环中，是满足包子大于 0，才能进入跑道。进入跑道后，循环进行吃包子的动作，每吃 1 个包子，数量减少 1，体力值增加 10。循环到何时结束呢？当体力值达到 100 时或包子的数量为 0 时，循环就会从出口出去，这时这个循环就结束了，这就是循环的整个过程，如图 4-11 所示。

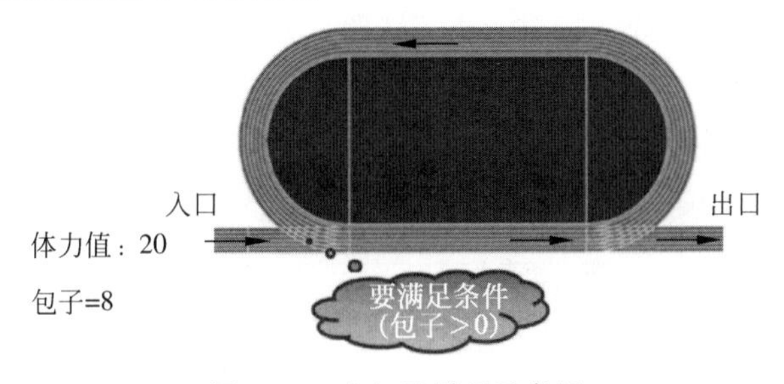

图 4-11　吃包子循环示意图

通过吃包子这个过程，我们对循环有了一定的理解，接下来学习一下循环中的第一种——while 循环。在学习之前通过一个故事引入。高斯是德国伟大的数学家。小时候他就是一个爱动脑筋的聪明孩子。还是上小学时，一次一位老师想治一治班上的淘气学生，他出了一道数学题，让学生从 1＋2＋3＋…一直加到 100 为止。他想这道题足够这帮学生算半天的，他也可得到半天悠闲。谁知，出乎他的意料，刚刚过了一会儿，小高斯就举起手来，说他算完了。老师一看答案，5050，完全正确。老师惊诧不已。问小高斯是怎么算出来的。高斯说，他不是从开始加到末尾，而是先把 1 和 100 相加，得到 101，再把 2 和 99 相加，也得 101，最后 50 和 51 相加，也得 101，这样一共有 50 个 101，结果当然就是 5050 了。

1. while 循环

while 后面的表达式是一个关系表达式或逻辑关系表达式，如果满足这个表达式条件，就继续执行下面的语句，如图 4-12 所示就是 while 循环语句的流程图。在图中可以看到，用 while 判断表达式进行判断，如果表达式的值为真，它就会进入循环语句进行循环，如果循环语句后再进行判断，如果表达式的值继续为真，即循环执行循环体中的语句，直到表达式被判断为假的时候，程序会执行下一条语句。就如包子的初始值等于 8，体力值等于 20，一共有 8 个包子，满足条件包子大于 0，然后进行了一个循环过程，吃一个包子后，包子减少 1 个，相应的体力值回升 10 个点。

while 语法格式：

```
while(表达式)
```

```
{
语句;
}
```

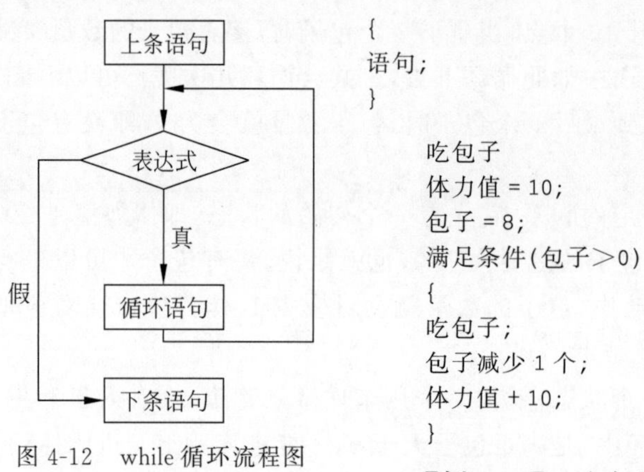

图 4-12　while 循环流程图

```
吃包子
体力值 = 10;
包子 = 8;
满足条件(包子>0)
{
吃包子;
包子减少 1 个;
体力值 + 10;
}
```

【例 4-13】 吃包子。

分析：在主函数中定义了一个变量 strength＝20，表示体力值的初始值，然后定义变量 i 代表包子的数量，初始值是 8，循环的条件是包子数量大于 0，即 while(i＞0)，然后程序进入循环体。循环体里总共进行了三个动作：打印出“吃包子”、包子的数量减少 1 和体力值的数字增加 10。那么包子减少 1 个用程序怎么表示？答案是用 i--来表示包子数量减少 1，那体力值回升 10 个点，就用 strength＋＝10 表示。

```
#include <stdio.h>
int main()
{
int strength = 20;
int i = 8;
while(i > 0)
{
printf("吃包子\n");
i -- ;
strength += 10;
}
return 0;
}
```

如图 4-13 所示就是吃包子程序的流程图。首先一共有 8 个包子，然后判断数量大于 0 为真，就进入这个循环体内部，执行完一遍循环体后，再进行判断，判断结果为真，就继续进入这个循环里执行语句，直到条件被判断为假时，程序会跳过这个循环体执行下一条语句。

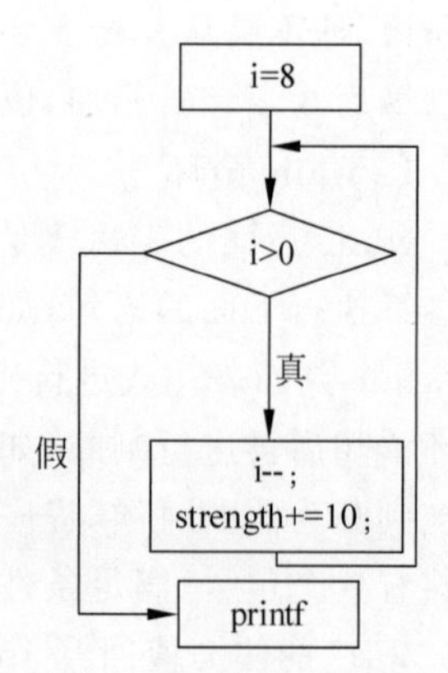

图 4-13　吃包子代码流程图

【例 4-14】 从 1～100 的求和。

分析：在主函数中初始条件定义并赋值了变量 i＝1，sum＝0，也就是说，一次性定义了两个变量，剩下的 sum 变量是累加求变量，并定义了初始值为 0，因为 1～100 一共有 100 个数，所以循环条件是 i＜＝100，循环体就是将它们累加。其流程图如图 4-14 所示。

首先在主函数中定义了一个变量 i=1 用于循环，然后定义了 sum=0 用于求和，接下来写循环部分，循环条件为 i<=100，因为要求 1～100 的求和问题，所以用 sum=sum+i，i++实现，最后打印出求和的结果。

```
#include<stdio.h>
int main()
{
int i = 1;
int sum = 0;
while(i<=100)
{
sum =  sum + i;
i++;
}
printf("结果是： %d\n",sum);
return 0;
}
```

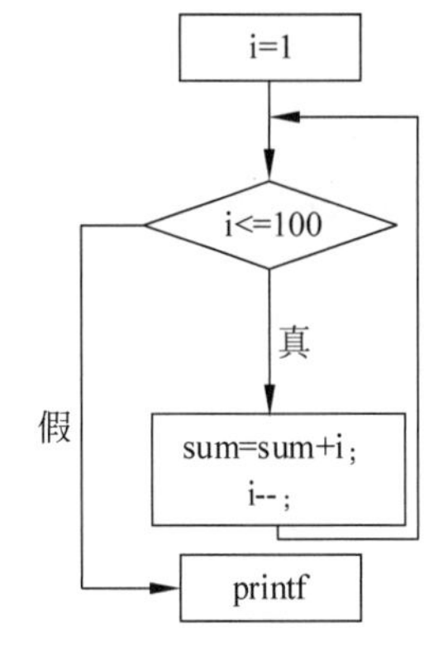

图 4-14　1～100 求和循环流程图

2. while 循环注意事项

while 语句的三个注意，第 1 个注意是表达式不允许为空，前面已经强调过一个表达式，就是需要遵循的一个条件，如果遵循这个条件为真，它才允许进行循环体。第 2 个注意是非 0 为真，0 为假，可以看到 while(1)，如果存在这样的一个循环，1 代表真，那么这个条件为真，那么这就是一个无限循环，如果表达式为 0，永远为假，那它就是一个永不循环。第 3 个注意是循环体中必须有改变条件表达式值的语句，否则将成为死循环。如以下程序所示，没有改变 i 值的语句，它就是一个错误的死循环。

```
while(1)            while(0)
{                   {
语句;               语句;
}                   }
```

```
int i = 1;
while(i<=2)
{
printf("%d",i)
}
```

3. do while 循环

与 while 语法相似的循环语句是 do while 语句，do while 语句与 while 语句的区别在于多了一个“do”，其语法格式如下。其中，do 关键字必须与 while 配对使用，do 与 while 之间的语句被称为循环体，即用花括号“{}”括起来。

特别注意的是，do while 语句后面一定要有分号“;”，这个表达式与 while 语句中的表达式相似，大多为关系表达式或逻辑表达式。接着看其流程图 4-15 所示，while 语句循环是先判断表达式的真假，再执行循环语句，而 do while 语句是先执行循环语句，再判断表达式，如果为真就执行循环语句，如果为假则执行下一条语句。

```
do{
语句;
}while(表达式);
```


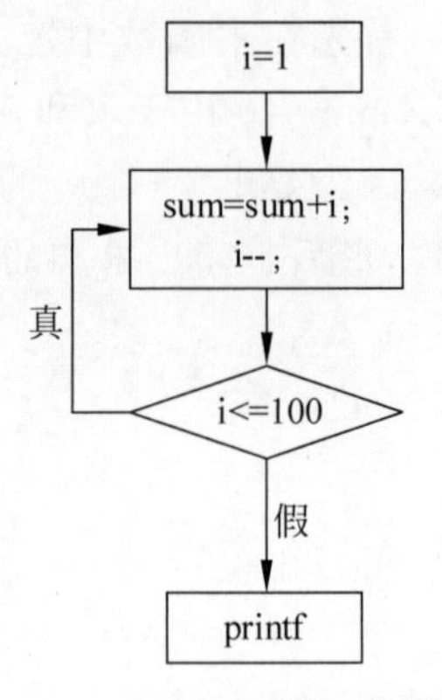

图 4-15 do while 语句流程图

【例 4-15】 求 1～100 的和。

do while 语句的流程，是先进行了一次循环语句，再判断它是否为真，如果为真就继续执行循环语句，如果为假就会进行下一条语句。

```
#include<stdio.h>
int main()
{
int i = 1;
int sum = 0;
do
{
sum =  sum + i;
i++;
} while(i <= 100)
printf("结果是: %d\n",sum);
return 0;
}
```

了解 do while 的语法格式和其使用后，来看它的 5 个注意。前三个注意和 while 注意事项一样，第 4 个注意是，如果循环条件不成立，但循环体已经执行一次了；第 5 个注意是，循环语句后面一定要有";"。

while 和 do while 之间的区别在于，while 是先判断再执行，do while 是先执行语句再判断条件，根据判断条件的值决定是否继续循环。所以条件不成立时，while 没有执行循环体，而 do while 是执行了一次循环语句的。

4. for 循环

在学习 for 循环语句之前，先来看一个百钱买百鸡的题目。什么是百钱买百鸡呢？即用 100 元钱，买 100 只鸡，其中，公鸡价格 5 元一只，母鸡价格 2 元一只，3 只小鸡价格是一元钱。用 100 元钱一次性买 100 只鸡，共计能买多少公鸡、母鸡和小鸡？如果用数学公式解决这个问题，要列一个三元等式，但在计算机中，用一个 for 循环就能解决问题。在用 for 循环语句解决之前，先学习其语法格式。首先，for 是一个关键字，并且括号后面存在三个表达式，表达式之间用分号隔开。表达式 1 通常是一个赋值表达式，负责设置循环的初始值，即给控制循环的变量赋初值。表达式 2 通常是一个关系表达式，用控制循环的变量和循环变量允许的范围进行比较。表达式 3 通常也是一个赋值表达式，对控制循环的变量进行增大或减小。可以看到，for 语句里面是一个复合语句。

for 循环语句语法格式：

```
for(表达式 1;表达式 2;表达式 3)
{
语句;
}
```

接着来看如图 4-16 所示的 for 语句流程图。先求解表达式 1 的值，再求解表达式 2 的值,若表达式 2 的值为真,则执行循环语句,否则执行下一条语句,然后执行表达式 3,接着循环执行判断表达式 2,若表达式 2 的值为假,则循环语句结束,跳出循环执行下一条语句。

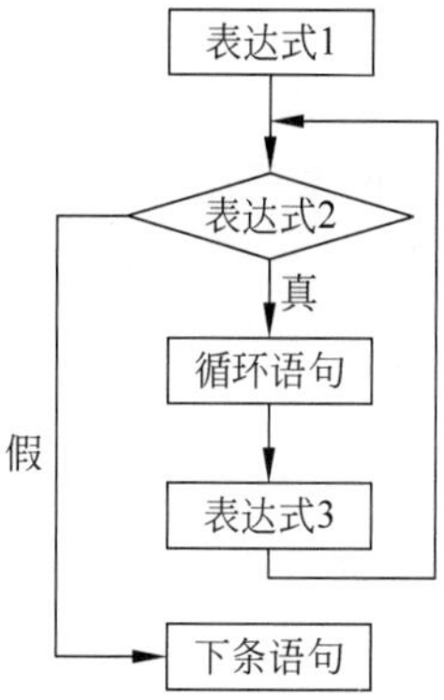

表达式1
表达式2
真
假
循环语句
表达式3
下条语句

图 4-16　for 语句流程图

【例 4-16】　计算 1 加到 100 总和。

定义变量 i 和 sum,并分别给其赋予初值,在 for 循环表达式中定义表达式 1 为 i=1,表达式 2 为 i<=100,表达式 3 为 i++,循环体中语句为 sum= sum+i,当 i 值从 1 增加到 100 后,就会跳出 for 循环,并打印出最后的求和结果。

```
#include <stdio.h>
int main()
{
int i = 1;
int sum = 0;
for(i = 1;i <= 100;i++)
{
sum =  sum + i;
}
printf("结果是: %d\n",sum);
return 0;
}
```

【例 4-17】　百钱买百鸡。

分析:如果 100 元全买公鸡,最多能买 20 只;如果全买母鸡,最多能买 33 只;如果全买小鸡,最多能买 99 只。同时也要满足三个条件,第一个问题是金额是 100 元,第二个问题是总个数是 100,第三个问题是小鸡数量必须是 3 的整数倍。

```
#include <stdio.h>
int main()
{
int g,m,x;
for(g = 0; g <= 20;++g)
{
    for(m = 0; m <= 33;++m)
{
for(x = 3; x <= 99;x = x + 3)
{
if(5 * g + 3 * m + x/3 == 100)
{
if(g + m + x == 100)
{
printf("公鸡 %d 个,母鸡 %d 个,小鸡 %d 个\n",g,m,x);
}
}
}
}
}
return 0;
}
```

从以上代码中可以看到,主函数中定义了三个变量 g、m、x,分别代表了公鸡、母鸡和小鸡的数量,接着第一层 for 循环是判断并控制公鸡的个数,它的范围是 0~20,第二层 for 循环是判断并控制母鸡的个数,范围是 0~33,第三层 for 循环是判断并控制小鸡的个数,即最多能买 99 只而且要是 3 的倍数,所以小鸡的个数是从 3 开始,并以 3 的倍数递增。接着是两个 if 条件语句,第一个 if 语句是百钱的一个条件,第二个 if 语句是这种小鸡加起来要满 100 只。

5. for 循环语句的变体

我们知道 for 语句的语法格式具有三个表达式,它的变体就是从这三个表达式上进行改动。for 循环语句可以分别省略它的三个表达式,但是省略表达式 2 和表达式 3 后,就会变成一个无限循环,因此在程序中不提倡使用。下面看一下 for 循环是怎样省略表达式 1 的,如以下这段代码。

```
int sum = 0,i = 0;
for(; i <= 10;i++)
{
sum = sum + i;
}
printf("%d",sum);
```

从代码中可以看到,表达式 1 处的赋值表达式被省略了,这个程序是否能够运行呢?答案是可以。因为在定义变量的时候已经被赋值了,所以省略表达式 1 对这个程序没有影响。

如果省略表达式 2,就不进行判断循环条件,即默认表达式 2 始终为真,程序无终止地运行下去,它是一个无限循环。

```
int sum = 0,i;
for(i = 0; ;i++)
{
sum = sum + i;
}
printf("%d",sum);
```

表达式 3 是用来改变循环变量,通常会写成类似 i++ 或 i--的语句。表达式 3 可以省略,但如果要保证循环正常结束,就需要在循环语句中加入改变循环变量的语句,如果不加这条语句,那么程序就会无限循环。

```
int sum = 0,i;
for(i = 0; i <= 10;)
{
sum = sum + i;
i++;
}
printf("%d",sum);
```

在理解 for 循环的变体后,看一下 for 语句中逗号的运用。在 for 循环语句的语法格式中,表达式 1 和表达式 3 处除可以使用简单的表达式外,还可以使用逗号表达式,即可以包含一个以上的简单表达式,中间用逗号间隔,如以下代码所示。

```
for(i = 0,j = 0; j < 50;j++)
{
```

```
        i = i * j;
    }

    for(i = 0; j < 50;j++)
    {
        i = i * j;
    }
```

从上面的代码中可以看到,表达式 1 处为 i 和 j 设置了初始值。这时在表达式 1 处用了逗号。下一段代码是在表达式 3 处用了逗号表达式,逗号表达式的计算顺序是自左向右依次执行的。表达式 3 的位置是 j++,相当于 j=j+1,这就是逗号的应用。

学习情境 2:掌握多重循环语句

while 循环、do while 循环和 for 循环之间是可以相互嵌套的,其嵌套结果如下,从左到右分别是 while 和 while 嵌套、do while 和 while 嵌套、while 和 for 嵌套、for 和 do while 嵌套。像吃包子一样,循环嵌套也有它们执行的顺序,先执行最内层循环,依次执行倒数第二层循环、倒数第三层循环,直到最外层循环完毕为止。

```
while(表达式)          do
{                      {
  while(表达式)        while(表达式)
{                      {
语句;                  语句;
}                      }
}                      }while(表达式);

  while(表达式)  for(表达式)
  {              {
  for(表达式)    do
  {              {
  语句;          语句;
  }              }while(表达式);
  }              }
```

例如下面的代码,同学们在编译器上编写、编译和运行该代码后,就能看出下它运行出来的效果。程序会先出现 i=1,然后出现 j=1,j=2,j=3,而不是 i=1,i=2。从这个程序中就可以看到,循环嵌套是有一定顺序的,程序首先进行了外层循环 i=1,然后进行了内层循环 j=1,接着又进行了内层循环 j=2,然后进行了内层循环 j=3。循环完内层循环之后又进行了外层循环,出现的结果就是 i=2,然后又进行内层循环,j=1,j=2,j=3。内层循环结束后,又进行外层循环 i=3,然后又进行内层循环,j=1,j=2,j=3。那么程序运行出来的结果就是刚才分析的顺序,程序先从外面进入,然后再把里面循环执行完,再进行外面循环。这就是循环嵌套的结构。

```
for(int i = 1; i < 4;i++)
{
printf(" %d",i);
    for(int j = 1;j < 4;j++)
```

```
    {
    printf(" %d\n",j);
}
}
```


【例 4-18】 九九乘法表。

分析：乘法表的顺序，第一行第一列是 1×1=1，第一行第二列是 1×2=2，第一行第三列是 1×3=3，以此类推。定义两个变量 i 和 j，然后用一个 for 循环语句实现第 1～9 行的控制，即 i=1，i<=9，i++。然后用一个 for 循环语句实现第 1～9 列的控制，即 j=1，j<=9，j++。接着循环体里面执行 printf 函数输出 i×j。在该程序中，进入第一个行循环后，进入第二个列循环，第二个列循环执行 9 次后，跳出来，执行第二个行循环，第二个行循环也执行 9 次后，再跳出来执行第三次行循环，以此类推。

```
#include <stdio.h>
int main()
{
int i,j;
for(i = 1,i <= 9;i++)
{
    for(j = 1,j <= 9;j++)
    {
    printf(" %d* %d= %d",i,j,i*j);
}
printf("\n")
}
return 0;
}
```

执行结果：

```
1*1=1
1*2=2 2*2=4
1*3=3 2*3=6 3*3=9
1*4=4 2*4=8 3*4=12 4*4=16
1*5=5 2*5=10 3*5=15 4*5=20 5*5=25
1*6=6 2*6=12 3*6=18 4*6=24 5*6=30 6*6=36
1*7=7 2*7=14 3*7=21 4*7=28 5*7=35 6*7=42 7*7=49
1*8=8 2*8=16 3*8=24 4*8=32 5*8=40 6*8=48 7*8=56 8*8=64
1*9=9 2*9=18 3*9=27 4*9=36 5*9=45 6*9=54 7*9=63 8*9=72 9*9=81
```

学习情境 3：掌握跳转语句(continue、break、goto)

1. continue 语句

循环时是同一动作的反复执行，而 continue 和循环的搭配使用，是指跳过此次循环进入下一次循环。例如以下语句中，if 语句中的表达式为真时，就执行 continue，进行下一次循环。注意 continue 语句并没有使整个循环终止，而是终止当前循环。

【例 4-19】 吃水果。

分析：盘子里面有 8 颗水果，分别按草莓、草莓、草莓、草莓、樱桃、樱桃、草莓、草莓的顺序排列。小王只喜欢吃草莓,不喜欢吃樱桃,因此在第 5 次和第 6 次吃水果时,就会跳过再进行下一次找水果。即遇到樱桃就会跳过,再往下寻找草莓吃。

```
#include<stdio.h>
int main()
{
    int i;
    for(i=1; i<=8;i++){
        if (i == 5){
            continue;
        }
        else if (i == 6){
            continue;
            }
            else{
            printf("吃第 %d 颗草莓",i);
            }
    }
return 0;
}
```

在主函数中定义一个变量 i,利用一个 for 循环给变量 i 赋初值。从第 1 次开始,执行后打印吃第 1 颗草莓,然后循环第 2 次,打印吃第二颗草莓,按顺序依次执行下去,当执行到第 5 次时,就跳过打印"吃第 5 颗草莓",继续循环,执行第 6 次时,也跳过打印"吃第 6 颗草莓",然后继续第 7 次循环和第 8 次循环。同学们自己在编程软件上编写、编译和运行后,就可以看到,总共打印了 6 次,分别是吃第 1 颗草莓、吃第 2 颗草莓、吃第 3 颗草莓、吃第 4 颗草莓、吃第 7 颗草莓、吃第 8 颗草莓,没有打印吃第 5 颗草莓和吃第 6 颗草莓。

为了巩固其用法,再用一个例子来理解 continue 的用法,如以下代码所示。

```
#include<stdio.h>
int main()
{
    int i = 1;
    while (i<=10){
        if (i == 5){
            continue;
        }
    printf( "%d", i);
    ++i;
}
printf( "\n");
return 0;
}
```

程序中定义了一个变量 i 用来表示次数,用 while 语句进行循环和判断,程序的执行顺序从 i=1 开始,总共执行次数为 10,当程序执行到 i==5 时,会进入 if 条件语句,执行 continue 语句,当执行完后,程序就会返回判断条件 while (i<=10)继续判断。注意循环体里面需要++i 语句改变变量 i 的值,否则程序会一直在循环体里面反复执行,即形成了死循环,一直消耗计算机的资源,严重时甚至会导致其他程序无法使用计算机资源。

2. break 语句

break 和 continue 最大的区别在于，break 不是跳出本次循环，而是跳出整个循环过程。break 主要有以下两种用法。

（1）当 break 语句出现在一个循环体内部时，整个循环会立即终止，且程序流将继续执行紧接着循环语句块的下一条语句。

（2）可用于终止 switch 语句中的一个 case。

如果使用的是多重循环，break 语句会停止执行最内层循环，然后执行该循环语句块之后的下一行代码。下面将吃草莓的例子中的 continue 处改为 break。

```
#include<stdio.h>
int main()
{
    int i;
    for(i=1; i<=8;i++){
        if (i == 5){
            break;
        }
        else{
            printf("吃第%d颗草莓",i);
        }
    }
return 0;
}
```

当程序从第 1 个开始执行，打印吃第 1 颗草莓、吃第 2 颗草莓、吃第 3 颗草莓、吃第 4 颗草莓后，就不会再打印，因为执行到第 5 次后，就通过 break 语句直接跳出整个循环，并执行 return 0；程序此时结束。理解了 break 语句的使用，下面再通过一个例子巩固一下。在主函数中定义了一个变量 i，i 从 1 开始执行一直到 3，会分别打印 1、2、3，当执行到第 4 次时，判断 i>3 的值为真，就会执行 break 语句，从而跳出整个循环，执行“return 0;”语句。其代码如下所示。

```
#include<stdio.h>
int main()
{
int i;
for (i=0; i<=3; ++i)
{
if (i>3)
break;
}
printf ( "%d\n",i );
return 0;
}
```

从以上代码中可以看出，语句中的 break 虽然是 if 条件语句的内部语句，但是其作用是用来终止外部 for 循环的。因此判断 if 成立后，执行 break 语句，程序跳出 for 循环语句块，所以程序中输出了 3 次。

3. goto 语句

goto 根据其字面意思，是指去，因此 goto 语句的意思是跳转到指定的标签下，其语法格式如下。总共有两种语法格式，第一种是定义标签的名字和语句，后面用 goto 关键词加上标签名字，再加“;”；第二种是先用 goto 关键字加标签名字，后面才定义标签的名字和语句。

```
名字:                goto 名字;
    语句;    或者     名字:
goto 名字;               语句;
```

掌握了 goto 语句的语法格式后，下面通过一个例子来理解。还记得吃草莓的例子吗？如果吃到第 5 次时，就会跳过。现在对其进行变形，在吃到第 5 次时，利用 goto 语句进入 cherry 处，执行 cherry 语句，打印出“这颗是樱桃”。代码如下，程序总共会打印两次“这颗是樱桃”，其余的 6 次是打印关于草莓的语句，可以看到，在程序中使用了第一种 goto 语句的格式实现自己想要的功能。

```
#include<stdio.h>
int main()
{
    int i;
    cherry:
            printf("这颗是樱桃");
    for(i=1; i<=8;i++){
        if (i == 5){
            goto cherry;
        }
        else if (i == 6){
            goto cherry;
        }
        else{
            printf("吃第%d颗草莓",i);
        }
    }
return 0;
}
```

理解了 goto 语句的使用，继续做一个例子。利用 goto 语句跳过 1 和 2，打印 3 和 4，可以通过一个标志 flag 来控制。具体代码如下。在主函数中采用了第二种 goto 语句的语法格式，程序从上到下执行到 goto flag，去到 flag 标签定义处，直接跳过了“printf("1\n");”和“printf("2\n");”语句，所以会省略 1,2 直接打印 3,4，这就是 goto 语句的第二种用法。

```
int main(){
goto flag;
printf( "1\n ");
printf("2\n" );
flag:
    printf ("3 \n" );
    printf ( "4\n"');
return 0;
}
```

应 用 实 例

应用实例1：

题目：企业发放的奖金根据利润提成。利润(I)低于或等于10万元时，奖金可提10%；利润高于10万元，低于或等于20万元时，低于或等于10万元的部分按10%提成，高于10万元的部分，可提成7.5%；20万到40万时，高于20万元的部分，可提成5%；40万到60万时高于40万元的部分，可提成3%；60万到100万时，高于60万元的部分，可提成1.5%；高于100万元时，超过100万元的部分按1%提成。

从键盘输入当月利润I，求应发放奖金总数。

程序分析：请利用数轴来分界，定位。注意定义时需把奖金定义成双精度浮点型。

```
#include<stdio.h>
int main()
{
    double i;
    double bonus1,bonus2,bonus4,bonus6,bonus10,bonus;
    printf("你的净利润是：\n");
    scanf("%lf",&i);
    bonus1 = 100000 * 0.1;
    bonus2 = bonus1 + 100000 * 0.075;
    bonus4 = bonus2 + 200000 * 0.05;
    bonus6 = bonus4 + 200000 * 0.03;
    bonus10 = bonus6 + 400000 * 0.015;
    if(i<=100000) {
        bonus = i * 0.1;
    } else if(i<=200000) {
        bonus = bonus1 + (i - 100000) * 0.075;
    } else if(i<=400000) {
        bonus = bonus2 + (i - 200000) * 0.05;
    } else if(i<=600000) {
        bonus = bonus4 + (i - 400000) * 0.03;
    } else if(i<=1000000) {
        bonus = bonus6 + (i - 600000) * 0.015;
    } else if(i>1000000) {
        bonus = bonus10 + (i - 1000000) * 0.01;
    }
    printf("提成为：bonus = %lf",bonus);

    printf("\n");
}
```

以上实例输出结果如下。

```
你的净利润是：
120000
提成为：bonus = 11500.000000
```

应用实例 2：

题目：输入三个整数 x,y,z,请把这三个数由小到大输出。

程序分析：想办法把最小的数放到 x 上,先将 x 与 y 进行比较,如果 x>y 则将 x 与 y 的值进行交换,然后再用 x 与 z 进行比较,如果 x>z 则将 x 与 z 的值进行交换,这样就能使 x 最小。

```
#include <stdio.h>
int main()
{
    int x,y,z,t;
    printf("\n 请输入三个数字:\n");
    scanf("%d%d%d",&x,&y,&z);
    if (x>y) { /* 交换 x,y 的值 */
        t=x;x=y;y=t;
    }
    if(x>z) { /* 交换 x,z 的值 */
        t=z;z=x;x=t;
    }
    if(y>z) { /* 交换 z,y 的值 */
        t=y;y=z;z=t;
    }
    printf("从小到大排序: %d %d %d\n",x,y,z);
}
```

以上实例输出结果如下。

```
请输入三个数字:
1
3
2
从小到大排序: 1 2 3
```

应用实例 3：

题目：判断 101～200 中的素数。

程序分析：判断素数的方法：用一个数分别去除 2 到 sqrt(这个数),如果能被整除,则表明此数不是素数,反之是素数。

```
#include <stdio.h>
int main()
{
    int i,j;
    int count=0;
        for (i=101; i<=200; i++)
    {
        for (j=2; j<i; j++)
        {
        //如果 j 能被 i 整除再跳出循环
            if (i%j==0)
                break;
        }
    //判断循环是否提前跳出,如果 j<i 说明在 2～j,i 有可整除的数
```

```
            if (j >= i)
            {
                count++;
                printf(" %d ",i);
            //换行,用 count 计数,每 5 个数换行
                if (count % 5 == 0)
                printf("\n");
            }
        }
        return 0;
    }
```

以上实例输出结果为

```
101 103 107 109 113
127 131 137 139 149
151 157 163 167 173
179 181 191 193 197
199
```

习　　题

一、单项选择题

1. 下面程序的输出结果是(　　)。

```
#include <stdio.h>
int main( )
{
int m = 5;
    if(m++> 5) printf(" %d \n",m);
    else printf(" %d\n",m -- );
    return 0;
}
```

A. 7　　B. 6　　C. 5　　D. 4

2. 下面程序的输出结果是(　　)。

```
#include <stdio.h>
int main( )
{
    int a = 6,b = 4,c = 5,d;
    printf(" %d\n",d = a > c?(a > c?A.C. :(B.);
    return 0;
}
```

A. 4　　B. 5　　C. 6　　D. 不确定

3. 下面程序的输出结果是(　　)。

```
#include <stdio.h>
int main( )
{
int x = 10,y = 20,t = 0;
```

```
    if(x == y)
        t = x;
    x = y;
    y = t;
    printf(" % d  % d\n",x,y);
    return 0;
}
```

A. 10　10　　B. 10　20　　C. 20　10　　D. 20　0

4. 下面程序执行后的输出结果是(　　)。

```
# include < stdio.h >
int main( )
{
int a = 5,b = 4,c = 3,d = 2;
    if(a > b > C.
        printf(" % d\n",D.;
    else if((c - 1 > = D. =  = 1)
        printf(" % d\n",d + 1);
    else
        printf(" % d\n",d + 2);
    return 0;
}
```

A. 2　　B. 3　　C. 4　　D. 编译时有错,无结果

5. 若 a,b,c1,c2,x,y 均为整型变量,正确的 switch 语句是(　　)。

A. switch(a+b);
```
{   case 1: y=a+b;break;
    case 0: y=a-b;break;
}
```

B. switch(a * a+b * b)
```
{   case 3:
        case 1: y=a+b;break;
        case 3: y=b-a;break;}
```

C. switch a
```
{   case c1: y=a-b;break;
    case c2: x=a * b;break;
    default: x=a+b;}
```

D. switch(a-b)
```
{   default: y=a * b;break;
    case 3: case 4: x=a+b;break;
case10: case 1: y=a-b;break;}
```

6. 已知分段函数如下所示,以下程序段中不能根据 x 的值正确计算出 y 值的是(　　)。

$$y=\begin{cases}1, & x>0\\0, & x=0\\-1, & x<0\end{cases}$$

A.
```
if(x>0)   y=1;
else if(x==0) y=0;
else y=-1;
```

B.
```
y=0;
if(x>0)y=1;
else if(x<0) y=-1;
```

C.
```
y=0;
if(x>=0)
if(x>0) y=1;
else y=-1;
```

D.
```
if(x>=0)
if(x>0) y=1;
else y=0;
else y=-1;
```

7. 下面程序运行后的输出结果是(　　)。

```
#include <stdio.h>
int main( )
{
int a = 15,b = 21,m = 0;
    switch(a % 3)
    {  case 0:m++;break;
       case 1:m++;
       switch(b % 2)
       {
default:m++;
          case 0:m++;break;
}
    }
    printf("%d\n",m);
    return 0;
}
```

A. 1　　　　B. 2　　　　C. 3　　　　D. 4

8. 为了避免嵌套的分支语句 if else 的二义性,C 语言规定 else 总是与(　　)组成配对关系。

A. 缩排位置相同的 if　　　　B. 在其之前未配对的 if

C. 在其之前未配对的最近的 if　　　　D. 同一行上的 if

9. 设 x、y、t 均为 int 型变量,则执行语句:"x=y=3;t=++x||++y;"后,y 的值为(　　)。

A. 1　　　　B. 3　　　　C. 4　　　　D. 不定值

10. 执行下面的程序,输入 3,则输出结果是(　　)。

```
#include <stdio.h>
int main( )
{
int k;
    scanf("%d",&k);
    switch(k)
    {
case 1:
              printf ("%d\n",k++);
         case 2:
              printf ("%d\n",k++);
         case 3:
              printf ("%d\n",k++);
         case 4:
              printf ("%d\n",k++);break;
         delfault:
              printf("Full!!\n");
    }
    return 0;
}
```

A. 3
4　　　　B. 4
5　　　　C. 3　　　　D. 4

11. C 语言中下列叙述正确的是(　　)。

A. 不能使用 do while 语句构成的循环

B. do while 语句构成的循环,必须用 break 语句才能退出

C. do while 语句构成的循环,当 while 语句中的表达式值为非零时结束循环

D. do while 语句构成的循环,当 while 语句中的表达式值为零时结束循环

12. C 语言中 while 和 do while 循环的主要区别是(　　)。

A. do while 的循环体至少无条件执行一次

B. while 的循环控制条件比 do while 的循环控制条件严格

C. do while 允许从外部转到循环体内

D. do while 的循环体不能是复合语句

13. 执行下面程序片段的结果是(　　)。

```
int x = 23;
do
{
        printf(" % 2d",x -- );
}while(!x);
```

A. 打印出 321　　　　B. 打印出 23

C. 不打印任何内容　　　　D. 陷入死循环

14. 有以下程序段:

```
int k = 0;
while(k = 1)k++;
```

while 循环执行的次数是(　　)。

A. 无限次　　　　B. 有语法错,不能执行

C. 一次也不执行　　　　D. 执行 1 次

15. 语句“while(!E);”中的表达式!E 等价于(　　)。

A. E==0　　B. E!=1　　C. E!=0　　D. E==1

16. 有以下程序段:

```
int n = 0,p;
do {scanf(" % d",&p);n++;} while(p!= 12345&&n < 3);
```

此处 do while 循环的结束条件是(　　)。

A. p 的值不等于 12345 并且 n 的值小于 3

B. p 的值等于 12345 并且 n 的值大于或等于 3

C. p 的值不等于 12345 或者 n 的值小于 3

D. p 的值等于 12345 或者 n 的值大于或等于 3

17. 有以下程序:

```
# include < stdio. h >
int main( )
{   int i,s = 0;
   for(i = 1;i < 10;i += 2)
       s += i + 1;
```

```
        printf(" %d\n",s);
        return 0;
    }
```


程序执行后的输出结果是(　　)。

A. 自然数1～9的累加和　　B. 自然数1～10的累加和

C. 自然数1～9中奇数之和　　D. 自然数1～10中偶数之和

18. 有如下程序,若要使输出值为2,则应该从键盘给n输入的值是(　　)。

```
#include <stdio.h>
int main( )
{   int s=0,a=1,n;
      scanf(" %d",&n);
        do{
            s+=1;
            a=a-2;
        }while(a!=n);
        printf(" %d\n",s);
    return 0;
}
```

A. −1　　B. −3　　C. −5　　D. 0

二、阅读程序题

1. 下面程序的输出结果是________。

```
#include <stdio.h>
int main( )
{
    int a=20,b=30,c=40;
    if(a>b)
    a=b;b=c;
    c=a;
    printf(" %d %d %d\n",a,b,c);
    return 0;
}
```

2. 下面程序的输出结果是________。

```
#include <stdio.h>
int main( )
{
    int x=0,a=0,b=0;
    switch(x)
    {
        case 0: b++;
        case 1: a++;
        case 2: a++;b++;break;
        default:a++;
    }
    printf("a= %d,b= %d\n",a,b);
    return 0;
}
```

3. 下面程序的输出结果是________。

```
#include <stdio.h>
int main( )
{
    int a = 1,b = 0;
    if ( -- a b++);
    else if (a == 0) b += 2;
    else b += 3;
    printf(" %d\n",b);
    return 0;
}
```

4. 有以下程序：

```
#include <stdio.h>
int main( )
{
    char c;
    while((c = getchar())!= '?')
        putchar( -- c);
    return 0;
}
```

程序运行时，如果从键盘输入：Y?N?<回车>，则输出结果为________。

5. 下面程序的输出结果是________。

```
#include <stdio.h>
int main( )
{
    int i,x = 10;
    for(i = 1;i <= x;i++)
        if(x % i == 0)
            printf(" %d",i);
    return 0;
}
```

6. 下面的程序运行后，如果从键盘上输入 1298，则输出结果是________。

```
#include <stdio.h>
int main( )
{
    int n1,n2;
    scanf(" %d",&n2);
    while(n2!= 0)
    {
        n1 = n2 % 10;
        n2 = n2/10;
        printf(" %d",n1);
    }
    return 0;
}
```

7. 下面程序的输出结果是________。

```
#include <stdio.h>
int main( )
{
    int i,sum = 0;
    for(i = 1;i < 6;i++)
        sum += i;
    printf(" %d",sum);
    return 0;
}
```

8. 下面程序的输出结果是________。

```
#include <stdio.h>
int main( )
{
    int i,j;
    for(i = 2;i >= 0;i -- )
    {
        for(j = 1;j <= i;j++)
            printf(" * ");
        for(j = 0;j <= 2 - i;j++)
            printf("!");
        printf("\n");
    }
    return 0;
}
```

9. 下面程序的输出结果是________。

```
#include <stdio.h>
int main( )
{
    inti,j = 0,a = 0;
    for(i = 0;i < 5;i++)
    do
    {
        if(j % 3)
            break;
        a++;
        j++;
    }while(j < 10);
    printf(" %d, %d\n",j,a);
    return 0;
}
```

10. 下面程序的输出结果是________。

```
#include <stdio.h>
int main( )
{
    int x = 9;
    for( ;x > 0; )
    {
```

```
        if(x % 3 == 0)
        {
            printf(" % d", -- x);
            continue;
        }
        x -- ;
    }
    return 0;
}
```

11. 下面程序的输出结果是________。

```
#include <stdio.h>
int main( )
{
    int i,j = 2;
    for(i = 1;i <= 2 * j;i++)
        switch(i/j)
        {
            case 0: case 1: printf(" * ");break;
            case 2: printf("#");
        }
    return 0;
}
```

三、程序设计题

1. 输入一个三位整数 a(百位、十位、个位分别用 x、y、z 表示),判断它是否是“水仙花数”。当输入数据不正确时,要求给出错误提示。提示:“水仙花数”是一个三位数,其各位数字立方和等于该数本身。例如,153 是一个水仙花数,因为 $1^3+5^3+3^3=153$。

2. 输入一个年份,输出这一年 2 月的天数。提示:年份能被 4 整除且不能被 100 整除或年份能被 400 整除的是闰年。

3. 输入三角形三条边的长度,判断它们能否构成三角形,若能则需判断出三角形的种类:等边三角形、等腰三角形、直角三角形或一般三角形;否则输出“不能构成三角形”。

4. 输入 1 个正整数 n,计算下式的前 n 项之和(保留 4 位小数)。

$$e = 1+1/1!+1/2!+\cdots+1/n!$$

要求使用嵌套循环和单层循环两种方法实现。

5. 猴子吃桃问题。猴子第一天摘下若干个桃子,当即吃了一半,还不过瘾,又多吃了一个。第二天早上又将剩下的桃子吃掉一半,又多吃了一个。以后每天早上都吃了前一天剩下的一半零一个。到第十天早上想再吃时,就只剩一个桃子了。求第一天共摘多少桃子。

项目 5　学习 C 语言的模块化处理

任务 1：利用函数实现程序的模块化

函数也可以称为“子程序”，由一个或多个语句块组成，负责完成某项特定任务的语句集合。同其他的代码相比较，函数具备相对的独立性，当需要实现它所负责的任务时，只需要调用即可；在后续对其任务的修改或者维护过程中，只需要针对它进行修改。每个 C 程序都至少有一个函数，即主函数 main，所有简单的程序都可以定义其他额外的函数。

举个生活中常见的例子。汽车 4S 店除销售部门外，一般会设置维修、保养、保险等部门，当一名车主开车进入汽车 4S 店后，会有接待人员接待和询问，车主把需求告知接待人员并达成初步共识后，接待人员会与车主办理交接车辆手续，然后根据车主的需求将车移交给负责维修、保养、保险或者其他业务的部门人员，当其他部门完成了车主的需求任务后，会将车移交接待人员，接待人员再与车主进行接洽，办理相关手续，移交车辆给车主。维修、保养、保险每个部门及人员只是负责给他们指定的任务，相当于三个不同的函数，具备各自的功能，各司其职，对自己负责的工作负责。可以单独执行一项任务，也可以执行多项任务，在完成任务后向接待人员返回结果。

C 语言中的函数分为库函数和自定义函数。

库函数是为了支持可移植性和提高效率，将程序开发过程中经常会用到的一些指令集汇总到 C 语言的基础库中，方便程序员使用。C 语言提供了上百个可调用的库函数，常用的有输入输出函数(printf、scanf、getchar、putchar)、字符串操作函数(strcmp、strlen)、字符操作函数(toupper)、内存操作函数(memcpy、memcmp、memset)、时间/日期函数(time)、数学函数(pow、sqrt)。注意：因为它们是 C 基础库中的内置函数，使用它们时需要调用相应的头文件，如一般在代码开头都需要写上 #include <stdio.h>，因为 printf、scanf、getchar、putchar 函数都是在 stdio 头文件中。

自定义函数即程序员根据需要自行定义的函数。

学习情境 1：掌握函数定义和声明

1. 函数定义

函数定义是交代函数的具体功能实现，函数定义提供了函数的实际主体。

C 语言中的函数定义由一个函数头和一个函数主体组成，一般形式如下。

```
//英文结构
return_type function_name(parameter list)          //函数头部分
{
   body of the function                             //函数主体
}

//中文翻译结构
返回类型 函数名(参数列表)
{
函数主体
}

//代码示例
int max(int n1,int n2)
{
   return ((n1 > n2)? n1:n2);
}
```

返回类型：函数分为有返回值和无返回值两种类型。一个函数可以返回一个值，函数的返回值需要显式地声明其类型。return_type 是函数返回的值的数据类型，但 C 语言的函数不支持返回多个值。有些函数仅执行操作而不返回值，这时 return_type 是关键字 void。

函数名：函数的实际名称，一般根据函数的功能用途命名。

参数：参数就像是占位符。当函数被调用时，将向参数传递一个值，这个值被称为实际参数。参数列表包括函数参数的类型、顺序、数量。参数是可选的，也就是说，函数也可能不包含参数。函数按照是否有参数分为有参类型和无参类型。

函数主体：包含一组定义函数执行任务的语句。

返回语句：函数的返回值是指函数被调用之后，执行函数体中的代码所得到的结果，这个结果通过 return 语句返回。语法为

```
return 表达式;
```

return 语句可以有多个，可以出现在函数体的任意位置，但是每次调用函数时只能有一个 return 语句被执行，所以只有一个返回值。函数一旦遇到 return 语句就立即返回，后面的所有语句都不会被执行到了，它具有强制结束函数执行的作用。

2. 函数声明

函数声明就是事先告诉编译器函数的名称、参数、返回类型及如何调用函数，但是这个函数是否存在并不影响函数声明内容，因为函数的实际主体是单独定义的。

函数声明包括返回类型、函数名、参数列表三部分。

```
return_type function_name(parameter list);          //语法结构
int max(int num1,int num2);                         //代码示例
```

在函数声明中，参数可以没有名称，但参数的类型是必需的，因此：

```
int max(int, int);
```

也是有效的声明。

注意：函数的声明一般出现在函数使用之前，要满足先声明后使用。

学习情境2：掌握main函数

C语言程序最大的特点就是所有的程序都是用函数来封装的，无论一个程序复杂或简单，都是由一个或多个模块组装而成的，总体上都是一个"函数"，而main函数称为主函数，也被称作程序的接口，程序的代码都是首先从这里执行下去的。main函数是系统自己负责调用的，不需要手动调用。

在本任务开篇部分所列举的例子中，4S店的接待人员相当于main函数，他是程序的接口，是整个过程的开始，根据车主的需求，调用维修、保养、保险等"自定义"函数，最终返回是否已经满足车主需求的一个值。

main函数语法示例：

```
#include<stdio.h>
int main( )
  {
  printf("Hello");
  return 0;
}
```

学习情境3：掌握函数的调用

C语言中函数可以被调用，还可以嵌套调用，即可以在一个函数里面调用其他已经定义好的函数。

函数调用的一般形式为

```
函数名(实参列表);
```

实参可以是常数、变量、表达式等，多个实参之间用逗号分隔。

在C语言中，函数调用的方式有多种，例如：

```
//max函数作为表达式中的一项出现在表达式中
c = max(a, b);
e = d + max(a, b);
//printf和scanf函数分别作为一个单独的语句
printf("%d", a);
scanf("%d", &b);

//max和min函数作为调用另一个函数时的实参
printf( "%d", max(a, b) );
total( max(a, b), min(x, y) );
```

那什么是嵌套调用呢？函数不能嵌套定义，但可以嵌套调用，也就是在一个函数的定义或调用过程中允许出现对另外一个函数的调用。

具体示例代码如下。

```
#include<stdio.h>
//求阶乘
long factorial(int n){
    int i;
```

```
    long result = 1;
    for(i = 1; i <= n; i++){
        result *= i;
    }
    return result;
}
//求累加的和
long sum(long n){
    int i;
    long result = 0;
    for(i = 1; i <= n; i++){
        //在定义过程中出现嵌套调用
        result += factorial(i);
    }
    return result;
}
int main(){
    printf("1! + 2! + … + 9! + 10! = %ld\n", sum(10));        //在调用过程中出现嵌套调用
    return 0;
}
```

运行结果：

```
1! + 2! + … + 9! + 10! = 4037913
```

从逻辑上看，在上述代码中，sum 的定义中出现了对 factorial 的调用，printf 的调用过程中出现了对 sum 的调用，而 printf 又被 main 调用。所以，一个 C 语言程序的执行过程可以认为是多个函数之间的相互调用过程，它们形成了一个或简单或复杂的调用链条。这个链条的起点是 main，终点也是 main。当 main 调用完了所有的函数后会返回一个值（如 return 0）来结束自己的生命，从而结束整个程序。

从物理原理看，函数是一个可以重复使用的代码块，CPU 会一条一条地挨着执行其中的代码，当遇到函数调用时，CPU 首先要记录下当前代码块中下一条代码的地址（假设地址为 0X1000），然后跳转到另外一个代码块，执行完毕后再回来继续执行 0X1000 处的代码。

学习情境 4：掌握函数的递归调用

函数递归调用指的是程序中函数调用自身的方法。通过递归调用策略，通常可以把一个大型复杂的问题层层转换为一个与原问题相似的规模较小的问题来求解，只需少量的代码就可以描述出解题过程所需要的多次重复计算。

有一个故事，相信大家都听过：从前有座山，山里有座庙，庙里有个老和尚，正在给小和尚讲故事呢！故事是什么呢？从前有座山，山里有座庙，庙里有个老和尚，正在给小和尚讲故事呢！故事是什么呢？从前有座山，山里有座庙，庙里有个老和尚，正在给小和尚讲故事呢！故事是什么呢？……

递归函数用流程图表示出来如图 5-1 所示。

通过流程图可以看出，函数递归调用存在一个限制条件，当满足这个限制条件的时候，便不再继续递归调用。每次递归调用之后越来越接近这个限制条件。

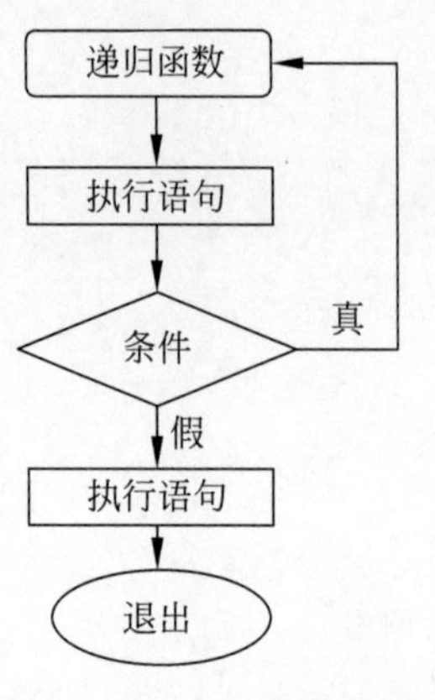

图 5-1 递归函数流程图

语法格式：

```
void recursion()
{
…
recursion();                                        //函数调用自身
…
}
int main()
{
recursion();
}
```

递归函数在解决许多数学问题上起了至关重要的作用，如计算一个数的阶乘、生成斐波那契数列等。

```
//求数的阶乘
#include <stdio.h>
double factorial(unsigned int i)
{
if(i <= 1) {
return 1;
}
return i * factorial(i-1);
}
int main() {
int i = 5;
printf("%d 的阶乘为 %f\n", i, factorial(i));
return 0;
}
```

运行结果：

```
5 的阶乘为 120.000000
```

代码详细解释：

(1) 求 5 的阶乘，即调用 factorial(5)。当进入 factorial 函数体后，由于形参 n 的值为 5，不等于 0 或 1，所以执行 i * factorial(i－1)，也即执行 5 * factorial(4)。为了求得这个表

达式的结果，必须先调用 factorial(4)，并暂停其他操作。换句话说，在得到 factorial(4) 的结果之前，不能进行其他操作。这就是第 1 次递归。

(2) 调用 factorial(4) 时，实参为 4，形参 i 也为 4，不等于 0 或 1，会继续执行 i * factorial(i－1)，也即执行 4 * factorial(3)。为了求得这个表达式的结果，又必须先调用 factorial(3)。这就是第 2 次递归。

(3) 以此类推，进行 4 次递归调用后，实参的值为 1，会调用 factorial(1)。此时能够直接得到常量 1 的值，并把结果返回，就不需要再次调用 factorial 函数了，递归就结束了。

```
//斐波那契数列
#include <stdio.h>
int fibonaci(int i)
{
if(i == 0) {
return 0;
}
if(i == 1) {
return 1;
}
return fibonaci(i - 1) + fibonaci(i - 2);
}
int main()
{ int i;
for (i = 0; i < 10; i++) {
printf("%d\t\n", fibonaci(i));
}
return 0;
}
```

运行结果：

```
0
1
1
2
3
5
8
13
21
34
```

任务 2：掌握函数参数的作用

函数是实现某一项任务的指令集，可以将它比喻成一台“机器”，但只有机器是无法生产出产品的，还需要原材料，参数就是这台机器需要的“原材料”，返回值就是“生产出来的产品”；函数的作用就是根据不同的参数产生不同的返回值。

再举个例子。学校培养学生都是制定了人才培养方案的，开设哪些课程，用什么样的方式进行教育，对同学们的思想进行哪些方面的引导，行为道德上进行哪些方面的培养，都是有计划有安排的，这就相当于学校设定了一个人才培养的函数，而同学们就是参数、原材料，通过几年时间的培养教育，希望把同学们都培养成为对社会有用的人才，为党育人、为国育才，就是返回值。

无参函数，是指在主调函数调用被调函数时，主调函数不向被调函数传递数据。无参函数一般用来执行特定的功能（如 rand、printf、getchar），可以有返回值，也可以没有返回值，但一般以没有返回值居多。

```
//无参函数代码示例
int fun()
{
printf("hello");
return 0;
}
int main()
{
int fun();
return 0;
}
```

有参函数，是指在主调函数调用被调函数时，主调函数通过参数向被调函数传递数据。在一般情况下，有参函数在执行被调函数时会得到一个值并返回给主调函数使用。有参函数的参数会出现在几个地方，分别是函数声明、函数定义和函数调用，这些地方的参数是有区别的，分为形参和实参两种。

形参（形式参数）：在函数声明、函数定义中出现的参数可以看作一个占位符，它没有数据，只能等到函数被调用时接收传递进来的数据，所以称为形式参数，简称形参。形式参数就像函数内的其他局部变量，在进入函数时被创建，退出函数时被销毁。

实参（实际参数）：函数被调用时给出的参数包含实实在在的数据，会被函数内部的代码使用，所以称为实际参数，简称实参。

形参和实参的区别和联系如下。

(1) 形参变量只有在函数被调用时才会分配内存，调用结束后，立刻释放内存，所以形参变量只有在函数内部有效，不能在函数外部使用。

(2) 实参可以是常量、变量、表达式、函数等，无论实参是何种类型的数据，在进行函数调用时，它们都必须有确定的值，以便把这些值传送给形参，所以应该提前用赋值、输入等办法使实参获得确定值。

(3) 实参和形参在数量上、类型上、顺序上必须严格一致，否则会发生“类型不匹配”的错误。当然，如果能够进行自动类型转换，或者进行了强制类型转换，那么实参类型也可以不同于形参类型。

(4) 函数调用中发生的数据传递是单向的，只能把实参的值传递给形参，而不能把形参的值反向地传递给实参。换句话说，一旦完成数据的传递，实参和形参就再也没有瓜葛了，所以在函数调用过程中，形参的值发生改变并不会影响实参。

学习情境 1：掌握函数参数传送数据

1. 值传递

默认情况下，C 语言使用传值调用来传递参数。该方法把参数的实际值复制给函数的形式参数。在这种情况下，修改函数内的形式参数不会影响实际参数。

```
#include <stdio.h>
//计算从 m 加到 n 的值
int sum(int x, int y) {
    int i;
    for (i = x+1; i <= y; ++i) {
        x += i;
    }
    return x;
}
int main() {
    int a, b, total;
    printf("Input two numbers: ");
    scanf("%d %d", &a, &b);
    total = sum(a, b);
    printf("a = %d, b = %d\n", a, b);
    printf("total = %d\n", total);
    return 0;
}
```

运行结果：

```
Input two numbers: 1 100
a = 1, b = 100
total = 5050
```

在这段代码中，函数定义处的 x、y 是形参，函数调用处的 a、b 是实参。通过 scanf 可以读取用户输入的数据，并赋值给 a、b，在调用 sum 函数时，这份数据会传递给形参 x、y。

从运行情况看，输入 a 值为 1，即实参 a 的值为 1，把这个值传递给函数 sum 后，形参 x 的初始值也为 1，在函数执行过程中，形参 x 的值变为 5050。函数运行结束后，输出实参 a 的值仍为 1，可见实参的值不会随形参的变化而变化。

以上调用 sum 时是将变量作为函数实参，除此以外，也可以将常量、表达式、函数返回值作为实参，如下。

```
total = sum(1, 50);                     //将常量作为实参
total = sum(a+2, b-5);                  //将表达式作为实参
total = sum( max(2,3), jump(100) );     //将另外函数的返回值作为实参
```

2. 指针传递

形参为指向实参地址的指针，当对形参的指向操作时，改变了原来的地址，所以实参就交换了，相当于对实参本身进行的操作。

指针传递参数本质上是值传递的方式，它所传递的是一个地址值。在值传递过程中，被调函数的形式参数作为被调函数的局部变量处理，即在栈中开辟了内存空间以存放由主调函数放进来的实参的值，从而成为实参的一个副本。值传递的特点是被调函数对形式参数的任何操作都是作为局部变量进行，不会影响主调函数的实参变量的值。

指针传递代码实例：

```
#include <stdio.h>
void exchange(int *p1, int *p2)
```

```
{
    int t;
    t = * p1;
    * p1 = * p2;
    * p2 = t;
}
int main()
{
    int a, b;
    printf("请输入待交换的两个整数: ");
    scanf(" %d %d", &a, &b);
    exchange(&a,&b);              //交换两个整数的地址
    printf("利用指针传递调用交换函数后的结果是: %d 和 %d\n", a, b);
    return 0;
}
```

运行结果:

```
请输入待交换的两个整数: 4 7
利用指针传递调用交换函数后的结果是: 7 和 4
```

3. 引用传递

形参相当于实参的“别名”,对形参的操作其实就是对实参的操作,在引用传递过程中,被调函数的形式参数虽然也作为局部变量在栈中开辟了内存空间,但是这时存放的是由主调函数放进来的实参变量的地址。被调函数对形参的任何操作都被处理成间接寻址,即通过栈中存放的地址访问主调函数中的实参变量。正因为如此,被调函数对形参做的任何操作都影响了主调函数中的实参变量。

```
#include <stdio.h>
void exchange(int &x, int &y)
{
    int t;
    t = x;
    x = y;
    y = t;
}

int main()
{
    int a, b;
    printf("请输入待交换的两个整数: ");
    scanf(" %d %d", &a, &b);
    exchange(a,b);                                    //直接以变量 a 和 b 作为实参交换
    printf("使用引用传递调用交换函数后的结果是: %d 和 %d\n", a, b);
    return 0;
}
```

运行结果:

```
请输入待交换的两个整数: 9 15
使用引用传递调用交换函数后的结果是: 15 和 9
```

综合来看,指针传递参数和引用传递参数是有本质上的不同的。虽然它们都是在被调

函数栈空间上的一个局部变量,但是任何对于引用参数的处理都会通过一个间接寻址的方式操作到主调函数中的相关变量。而对于指针传递的参数,如果改变被调函数中的指针地址,它将影响不到主调函数的相关变量。如果想通过指针参数传递来改变主调函数中的相关变量,那就得使用指向指针的指针,或者指针引用。

```
#include <iostream>
using namespace std;
  //值传递
void pass1(int n){
      cout <<"值传递 -- 函数操作地址"<< &n << endl;
     //显示的是复制的地址而不是源地址
      n++;
  }
  //引用传递
void pass2(int &n){
     cout <<"引用传递 -- 函数操作地址"<< &n << endl;
     n++;
}
  //指针传递
void pass3(int  *n){
      cout <<"指针传递 -- 函数操作地址 "<< n << endl;
     *n = *n + 1;
  }

int main(){
     int n = 10;
     cout <<"实参的地址"<< &n << endl;
     pass1(n);
     cout <<"after pass1() n = "<< n << endl;
     pass2(n);
     cout <<"after pass2() n = "<< n << endl;
     pass3(&n);
     cout <<"after pass3() n = "<< n << endl;
     return true;
}
```

运行结果(不同的机器地址会有所差别):

```
实参的地址 0019FF2C
值传递 -- 函数操作地址 0019FEDC
after pass1() n = 10
引用传递 -- 函数操作地址 0019FF2C
after pass2() n = 11
指针传递 -- 函数操作地址 0019FF2C
after pass3() n = 12
```

指针传递和引用传递适用于函数内部修改参数并且希望改动影响调用者。或者当函数实际需要返回多个值时,显式返回一个值,隐式返回被修改过后的变量。

学习情境2:掌握函数参数实现数据共享

下面详细描述C语言函数参数实现数据共享的方式,并提供案例。

1. 值传递(传递副本)

在C语言中,如果像这样定义一个函数:

```
cCopy code
void add(int a, int b) {
    a = a + b;
}
```

这里的参数 a 和 b 是值传递的,也就是说,函数 add 中的 a 和 b 是原始数据的副本,修改它们不会影响原始数据。例如:

```
cCopy code
int main() {
    int x = 5, y = 10;
    add(x, y);
    printf("x = %d, y = %d", x, y);
    return 0;
}
```

这将输出 x = 5, y = 10,因为函数 add 中对 a 和 b 的修改不会影响 x 和 y 的值。

2. 引用传递(传递原始数据的引用)

为了在函数之间共享数据,可以使用指针或引用。例如,可以这样定义一个函数,使用指针作为参数:

```
cCopy code
void add(int *a, int *b) {
    *a = *a + *b;
}
```

在这个例子中,参数 a 和 b 是指向整数的指针。通过传递指针,可以在函数内部修改指针所指向的数据,从而影响原始数据。例如:

```
cCopy code
int main() {
    int x = 5, y = 10;
    add(&x, &y);
    printf("x = %d, y = %d", x, y);
    return 0;
}
```

这将输出 x = 15, y = 10,因为函数 add 中对 a 和 b 的修改会影响 x 和 y 的值。

通过引用传递或指针传递方式,可以在函数之间实现数据的共享和修改,从而更灵活地处理数据。这在 C 语言中非常有用,特别是在处理大型数据结构或需要高效性能的情况下。

学习情境 3:了解 static 函数和 const 函数

1. static 关键字的作用

static 可以延长局部变量的生命周期,限制全局变量和函数的作用域。作用主要体现在:对于局部变量而言,加上 static,就将数据保存到静态存储区,仅分配一次内存,生存期大大加强(改变存储区域);对于全局变量而言,由于本身已经在静态存储区,加上 static,就将变量作用域限制到定义它的源文件内(改变作用域);对于函数,加上 static 使得函数成为静态函数,表示一个函数只能在当前文件中被访问。

2. const 关键字的作用

const 可以防止参数被修改,可以理解为“只读”属性。

(1) const 修饰一般变量时(以整型变量为例),表示定义一个只读变量,即为常变量。

```
const int a = 10;
```

(2) 常量指针,指针指向的值不可以改变,指针的指向可以改变。

```
const int * p;
int const * p;
```

(3) 指针常量,指针指向的值可以改变,指针的指向不可以改变。

```
int * const p;
```

(4) 常量指针常量,指针指向的值和指针的指向都不可以改变。

```
const int * const p;
```

const 常用于修饰函数的参数,可以防止传过去的值被不小心修改。

注意:static 和 const 不能同时用来修饰一个函数。

学习情境 4:了解内部函数和外部函数

为提高工作效率,C 语言中定义一个函数的目的就是要让它被另外的函数调用。一个文件中的函数既可以被本文件中的其他函数调用,也可以被其他文件中的函数调用。根据函数能否被其他源文件调用,分为内部函数和外部函数。

1. 内部函数

在编写程序时,为了避免不同源文件中相同名称的函数相互干扰,可定义该函数只能被本文件中其他函数调用,称其为内部函数。

定义内部函数如下。

```
static 函数类型 函数名(参数列表)
```

内部函数又称静态函数,因为它被 static 修饰,不必担心函数是否与其他模块的函数同名。

示例代码:

```
第一个文件:
#include <stdio.h>
void show()
{
printf("%s \n","text1.c");
}
第二个文件:
#include <stdio.h>
static void show()
{
printf("%s \n","text2.c");
}
```

```
void main()
{
show();
}
```


运行结果：

```
text2.c
```

2. 外部函数

在开发大型项目时，需要很多源文件共同来实现，有时一个源文件中需要调用其他源文件中的函数。允许被其他文件调用的函数称为外部函数。定义外部函数时，函数首部最左端加关键字 extern，声明函数为外部函数，可供其他文件调用。

```
extern 函数类型 函数名(参数列表)
```

C 语言同时规定，在定义函数时若省略 extern 关键字，默认函数为外部函数。在需要调用本函数的文件中需对此函数进行声明，并且声明时要加关键字 extern，表示该函数是在其他文件中定义的外部函数。

示例代码：

```
第一个源文件：
int add(int a, int b)                    //省略 extern 关键字，默认为外部函数
{
return a + b;
}
第二个源文件：
#include <stdio.h>
extern int add(int a, int b);            //对调用外部函数进行声明
void main()
{
printf("sum = %d\n",add(3,2));           //调用外部函数 add
}
```

运行结果：

```
sum = 5
```

注意：声明外部函数时，无论有没有关键字 extern，外部函数与原函数定义的返回值类型、函数名称和参数列表必须一致。

任务 3：掌握变量在函数中的作用

要掌握变量在函数中发挥的作用，首先要理解一个概念：作用域。作用域(scope)，就是变量的有效范围，规定了变量可以在哪个范围以内使用。有些变量可以在所有代码文件中使用，有些变量只能在当前的文件中使用，有些变量只能在函数内部使用，有些变量只能在循环体内部使用。变量的作用域由变量的定义位置决定，在不同位置定义的变量，它的作用域是不一样的。有以下几种作用域。

代码块作用域：指的是使用“{}”包围起来的部分。在代码块中定义的变量，代码块之外是不能访问的。代码块嵌套之后的变量作用域，子代码块中定义的同名变量会覆盖父代

码块中的同名变量。

同名变量子代码覆盖父代码实例：

```
#include <stdio.h>
int main(){
    {
        int i = 0;
        printf("变量 i = %d\n",i);                    //父代码中变量 i = 0
        {
            int i = 1;
            printf("变量 i = %d\n",i);                //子代码变量 i = 1
        }
    }
}
```

运行结果：

```
变量 i = 0
变量 i = 1
```

函数原型作用域：仅包括函数原型形式参数所在的括号“(参数列表)”。该作用域主要强调声明函数时不能使用相同名称的形式参数。

函数作用域：指的就是函数体的部分。函数作用域内定义的变量，在函数之外不能进行访问。

文件作用域：源文件所在的范围。所有代码块之外定义的标识符就有文件作用域，如全局变量。函数名不属于任何代码块，因此也具有文件作用域。

学习情境1：掌握全局变量和局部变量

局部变量：在某个函数或块的内部声明的变量称为局部变量(local variable)。它们只能被该函数或该代码块内部的语句使用。局部变量在函数外部是不可知的。函数的形参也是局部变量，只能在函数内部使用。

局部变量实例：

```
#include <stdio.h>
int sum(int x, int y){
    int i, sum = 0;
    //x、y、i、sum 都是局部变量，只能在 sum 函数内部使用
    for(i = x; i <= y; i++){
        sum += i;
    }
    return sum;
}
int main(){
    int a = 5, b = 20;
    int result = sum(a, b);
    //a、b、result 也都是局部变量，只能在 main 函数内部使用
    printf("The sum from %d to %d is %d\n", a, b, result);
    return 0;
}
```

x、y、i、sum 是局部变量，只能在 sum 内部使用；a、b、result 也都是局部变量，只能在 main 内部使用。

全局变量：定义在函数外部的变量称为全局变量。通常是在程序的顶部定义，全局变量在整个程序生命周期内都是有效的，在任意的函数内部都能访问全局变量。

全局变量实例：

```
#include <stdio.h>
/* 全局变量声明 */
int c;
int main ()
{

  /* 局部变量声明 */
  int a, b;
  /* 实际初始化 */
  a = 10;
  b = 20;
  c = a + b;

  printf ("value of a = %d, b = %d and c = %d\n", a, b, c);
  return 0;
}
```

运行结果：

```
value of a = 10, b = 20 and c = 30
```

在程序中，局部变量和全局变量的名称可以相同，但是在函数内，如果两个名字相同，会使用局部变量值，全局变量不会被使用。

```
#include <stdio.h>
/* 全局变量声明 */
int c = 20;
int main ()
{
  /* 局部变量声明 */
  int c = 10;
  printf ("value of c = %d\n", c);
  return 0;
}
```

运行结果：

```
value of c = 10
```

全局变量与局部变量在内存中的区别如下。

(1) 存储方面。全局变量保存在内存的全局存储区中，占用静态的存储单元；局部变量保存在栈中，只有在所在函数被调用时才动态地为变量分配存储单元。

(2) 初始化方面。当局部变量被定义时，系统不会对其初始化，必须自行对其初始化；定义全局变量时，系统会自动对其初始化。

学习情境2：了解变量的存储方式

在C语言程序运行时，占用的内存空间被分成三部分：程序代码区、静态存储区、动态存储区。程序代码区用于存放代码，只能访问，不能修改。程序运行中的数据分别存储在静态存储区和动态存储区。静态存储区用来存放程序运行期间所占用的固定存储单元的变量，如全局变量、静态局部变量等；动态存储区用来存放不需要长期占用内存的变量，如局部变量等。

具体存储方式有如下三种。

stack(栈内存)：主要是用来存储函数和局部变量的空间，其本质就是一个stack(栈)，是提前分配好的连续的地址空间，栈的增长方向是向下的，即向着内存地址减小的方向，运行时自动分配、自动回收。最底层的便是main函数，每调用一个函数时就会执行push操作，每当函数return时便执行pop操作。什么时候main也被pop了，整个程序也就结束了。如果这个stack变得太高以至于超出了最大内存地址，就会出现所谓的溢出。

heap(堆内存)：主要是用来存储由malloc等申请的内存位置。如果malloc返回null就往往表示这一块空间已经用完了。堆内存管理着总量很大的操作系统内存块，可以是不连续的地址空间，各进程可以按需申请写代码去申请malloc和释放free。堆的增长方向是向上的，即向着内存地址增加的方向。

static(静态内存)：这里的变量的生命周期与整个程序相同，即在进程创建时被声明，在程序退出时被销毁。全局作用域变量、文件作用域变量和被static关键字修饰的变量会存在这里。

学习情境3：了解变量的生存期

C语言中的变量按其存在的时间(即生存期)，可分为动态存储变量和静态存储变量。

动态存储变量：当程序运行进入定义它的函数或复合语句时才被分配存储空间，程序运行结束离开此函数或复合语句时，所占用的内存空间即被释放。这是一种节省内存空间的存储方式。

静态存储变量：在程序运行的整个过程中，始终占用固定的内存空间，直到程序运行结束，才释放占用的内存空间。静态存储类别的变量被存放在空间的静态存储区。

具体来说，变量的存储类型分成4种：自动类型(auto)、静态类型(static)、外部类型(extern)。其中，自动类型、寄存器类型的变量属于动态变量，静态类型、外部类型属于静态变量。变量存储类型的区别见表5-1。

表5-1　变量存储类型的区别

变量类型	存储类型	存储区域	作用域
局部变量	自动变量	动态存储区	定义它的函数
静态局部变量	静态变量	静态存储区	定义它的函数
全局变量	外部变量	静态存储区	所有的源文件
静态全局变量	静态变量	静态存储区	定义它的源文件

(1) 自动变量。自动类型是C语言程序中使用最广泛的一种类型。C语言规定，函数内凡未加存储类型说明的变量均视为自动变量，自动变量可省略说明符auto，是动态分配

存储空间的，数据存储在动态存储区。函数中的形参和函数中定义的变量都属于自动变量。在调用这些函数时，系统会给它们分配存储空间，在函数调用结束后就自动释放这些存储空间。对于自动变量来说，如果不赋初值，它的值是一个不确定的值。

自动变量的一般形式为

```
{
    (auto) 类型 变量名;
}
```

(2) 静态变量。静态变量存储在静态存储区，用 static 关键字来声明，属于静态存储方式，又可分成静态全局变量和静态局部变量。C 语言规定，静态变量(包括静态局部变量、静态全局变量)有默认值，int 型等于 0，float 型等于 0.0，char 型等于'\0'。而自动变量和寄存器变量没有默认值，是随机值。静态局部变量只在定义它的函数内有效，程序仅分配一次内存，函数返回后，该变量不会消失，只有程序结束后才会释放内存。静态全局变量只在定义它的文件内有效，且生存期在整个程序运行期间。

静态变量的一般形式为

```
static 类型 变量名;
{
    static 类型 变量名;
}
```

(3) 寄存器变量。除常用的自动变量和静态变量外，C 语言还提供了一种帮助程序员利用 CPU 寄存器的方法。使用关键字 register 来声明局部变量时，该变量即称为寄存器变量。寄存器变量是动态局部变量，存放在 CPU 的寄存器或动态存储区中，该类变量的作用域、生存期和自动变量相同。如果没有存放在寄存器中，就按自动变量处理。存储速度比内存快是寄存器变量的优点。但是由于现在编译系统的优化，使得编译器可以自动识别频繁使用的变量，并自动将其存储在寄存器中，故现在寄存器变量的定义是不必要的。寄存器变量的一般形式为

```
{
    register 类型 变量名;
}
```

register 由于是在寄存器(动态存储区)中，所以，寄存器变量不可能同时又是全局变量或者静态变量。

(4) 外部变量。外部变量(即全局变量)是在函数的外部定义的，它的作用域为从变量定义处开始，到本程序文件的末尾。如果在定义点之前的函数想引用该外部变量，则应该在引用之前用关键字 extern 对该变量做“外部变量声明”，表示该变量是一个已经定义的外部变量。有了此声明，就可以从“声明”处起，合法地使用该外部变量。

应用实例

应用实例 1：

题目：利用递归方法求 5!。

程序分析：递归公式为 $f_n = f_{n-1} \times 4!$。

```
#include <stdio.h>
int main()
{
    int i;
    int fact(int);
    for(i = 0;i < 6;i++){
        printf("%d!= %d\n",i,fact(i));
    }
}
int fact(int j)
{
    int sum;
    if(j == 0){
        sum = 1;
    } else {
        sum = j * fact(j - 1);
    }
    return sum;
}
```

以上实例的输出结果为

```
0!= 1
1!= 1
2!= 2
3!= 6
4!= 24
5!= 120
```

应用实例 2：

题目：有 5 个人坐在一起，问第 5 个人多少岁？他说比第 4 个人大 2 岁。问第 4 个人多少岁，他说比第 3 个人大 2 岁。问第 3 个人，又说比第 2 人大两岁。问第 2 个人，说比第 1 个人大两岁。最后问第 1 个人，他说是 10 岁。请问第 5 个人多大？

程序分析：利用递归的方法。递归分为回推和递推两个阶段。要想知道第 5 个人的岁数，需知道第 4 人的岁数，以此类推，推到第 1 个人(10 岁)，再往回推。

程序代码如下。

```
#include <stdio.h>
int age(n)
int n;
{
    int c;
    if(n == 1) c = 10;
    else c = age(n - 1) + 2;
    return(c);
}
int main()
{
    printf("%d\n",age(5));
}
```

以上实例的输出结果为

```
18
```

应用实例3：

题目：学习 static 定义静态变量的用法。

在C语言中，static 关键字用于声明静态变量。静态变量与普通变量不同，它们的生存期和作用域是不同的。

静态变量在声明时被初始化，只被初始化一次，而且在整个程序的生命周期内都保持存在。在函数内声明的静态变量只能在该函数内访问，而在函数外声明的静态变量则只能在该文件内访问。

程序分析：以下实例中 foo 函数声明了一个静态变量 x，并将其初始化为 0。每次调用 foo 函数时，x 的值都会加 1，并打印出新的值。由于 x 是静态变量，它在程序的整个生命周期中都存在，而不仅是在函数调用时存在。因此，每次调用 foo 时，它都可以记住 x 的值，并在此基础上递增。

程序代码如下。

```
#include <stdio.h>
void foo()
{
    static int x = 0;
    x++;
    printf("%d\n", x);
}
int main()
{
    foo();                    //输出 1
    foo();                    //输出 2
    foo();                    //输出 3
    return 0;
}
```

以上实例的输出结果为

```
1
2
3
```

习　题

一、单项选择题

1. 在调用函数时，如果实参是简单变量，它与对应形参之间的数据传递方式是(　　)。

   A. 地址传递

   B. 单向值传递

   C. 由实参传给形参，再由形参传回实参

   D. 传递方式由用户指定

2. C语言中不可以嵌套的是(　　)。

A. 函数调用　　B. 函数定义　　C. 循环语句　　D. 选择语句

3. 有如下函数调用语句："func(rec1,rec2+rec3,(rec4,rec5));",该函数调用语句中,实参个数是(　　)。

A. 3　　B. 4　　C. 5　　D. 有语法错

4. 以下所列的各函数首部中,正确的是(　　)。

A. void play(var :Integer,var b:Integer)

B. void play(int a,B)

C. void play(int a,int B)

D. Sub play(a as integer,b as integer)

5. 以下只有在使用时才为该类型变量分配内存的存储类别说明是(　　)。

A. auto 和 static　　B. auto 和 register

C. register 和 static　　D. extern 和 register

6. 以下叙述中正确的是(　　)。

A. 构成C程序的基本单位是函数

B. 可以在一个函数中定义另一个函数

C. main 函数必须放在其他函数之前

D. 所有被调用的函数一定要在调用之前进行定义

7. C语言中,函数类型的定义可以省略,此时函数的隐含类型是(　　)。

A. void　　B. int　　C. float　　D. double

8. 若程序中定义了以下函数:

```
double myadd(double a,double B)
{return(a + B);}
```

放在调用语句之后,则在调用之前应该对函数进行声明,以下选项中错误的声明是(　　)。

A. double myadd(double a, B)

B. double myadd(double,double)

C. double myadd(double b, double A)

D. double myadd(double x, double y)

9. C程序中的宏展开是在(　　)。

A. 编译时进行的　　B. 程序执行时进行的

C. 编译前预处理时进行的　　D. 编辑时进行的

10. 以下程序的程序运行结果为(　　)。

```
#include <stdio.h>
#define N 5
#define M N + 1
#define f(x) (x * M)
int main( )
{
    int i1,i2;
    i1 = f(2);
```

```
    i2 = f(1 + 1);
    printf(" %d %d\n",i1,i2);
    return 0;
}
```


A. 12 12　　B. 11 7　　C. 11 11　　D. 12 7

11. 以下叙述中正确的是(　　)。

A. 预处理命令行必须位于C源程序的起始位置

B. 在C语言中,预处理命令行都以"#"开头

C. 每个C程序必须在开头包含预处理命令行：#include

D. C语言的预处理不能实现宏定义和条件编译的功能

12. 有以下程序：

```
# define f(x)     (x * x)
int main( )
{
  int i1, i2;
  i1 = f(8)/f(4);
  i2 = f(4 + 4)/f(2 + 2);
  printf(" %d, %d\n",i1,i2);
  return 0;
}
```

程序运行后的输出结果是(　　)。

A. 64，28　　B. 4，4　　C. 4，3　　D. 64，64

二、阅读程序题

1. 以下程序的输出结果是________。

```
#include < stdio.h >
int f( )
{
    static int i = 0;
    int s = 1;
    s += i;
    i++;
    return s;
}
int main( )
{
    int i,a = 0;
    for(i = 0;i < 5;i++) a += f( );
    printf(" %d\n",a);
    return 0;
}
```

2. 下列程序的输出结果是________。

```
#include < stdio.h >
int d = 1;
void fun (int p)
{
```

```
    int d = 5;
    d  += p++;
    printf(" %d ",d);
}
int main( )
{
    int a = 3;
    fun(a);
    d +=  a++;
    printf(" %d\n",d);
    return 0;
}
```

3. 下列程序的输出结果是________。

```
#include <stdio.h>
int f(int n)
{
    if (n == 1) return 1;
    else return f(n - 1) + 3;
}
int main( )
{
    int i,j = 0;
    for(i = 1;i < 4;i++)
        j += f(i);
    printf(" %d\n",j);
    return 0;
}
```

三、程序填空题

1. 程序功能：计算并输出 high 以内最大的 10 个素数之和，high 由 main 函数传给 fun 函数。若 high 的值为 100，则函数的值为 732。

```
#include <stdio.h>
int fun( int high)
{
  int sum  =  0, n = 0, j, yes;
/************ SPACE ************/
  while ((high >=  2) && (【1】))
  {
    yes  =  1;
    for (j = 2; j <= high/2; j++)
/************ SPACE ************/
      if(【2】)
      {
        yes = 0;
        break;
      }
      if (yes)
      {
        sum  += high;
```

```
            n++;
          }
        high--;
      }
/*********** SPACE ***********/
   【3】
}
int main( )
{
    printf("%d\n", fun (100));
    return 0;
}
```

2. 程序功能：计算 sum＝1＋(1＋1/2)＋(1＋1/2＋1/3)＋…＋(1＋1/2＋…＋1/n)的值。运行程序，输出：sum＝4.333333。

```
#include<stdio.h>
double f(int n)                        /*函数功能是求 1+1/2+…+1/n 的值*/
{
    int i;
    double s;
    s=0;
    for(i=1;i<=n;i++)
/*********** SPACE ***********/
        【1】
    return s;
}
int main( )
{
    int i,m=3;
    double sum=0;
    for(i=1;i<=m;i++)
/*********** SPACE ***********/
        【2】
/*********** SPACE ***********/
    printf("sum=【3】\n",sum);
    return 0;
}
```

四、程序设计题

1. 编写函数计算并输出给定整数 n 的所有因子之和(不包括 1 和它本身)。例如，n 的值为 855 时，应输出 704。

2. 编写函数计算一分数序列 2/1,3/2,5/3,8/5,13/8,21/13,…的前 n 项之和。

说明：每一分数的分母是前两项的分母之和，每一分数的分子是前两项的分子之和。

例如，求前 20 项之和的值为 32.660259。

3. 编写函数 fun，其功能为：对一个任意位数的正整数 n，从个位起计算隔位数字之和，即个位、百位、万位等数字之和。例如，输入 1234567，7＋5＋3＋1 的结果为 16。

4. 三角形的面积公式为 $area=\sqrt{s(s-a)(s-b)(s-c)}$，其中，$s=0.5(a+b+c)$，a、b、c 为三角形的三边。定义两个带参数的宏，一个用来求 s，另一用来求 area。编写程序，在程序中用宏来求三角形的周长和面积。

项目 6 学习 C 语言指针

任务 1：掌握指针变量

学习情境 1：掌握指针变量的定义

如果在程序中定义了一个变量，在对程序进行编译时，系统就会给该变量分配内存单元。编译系统根据程序中定义的变量类型，分配一定长度的空间。例如，VC++ 为整型变量分配 4B，为单精度浮点型变量分配 4B，为字符型变量分配 1B。

内存区的每一字节都有一个编号，这就是地址，它相当于旅馆中的房间号。在地址所标识的内存单元中存放数据，这相当于旅馆房间中居住的旅客。由于通过地址能找到所需的变量单元，可以说，地址指向该变量单元。将地址形象化地称为指针，意思是通过它能找到以它为地址的内存单元。

一个变量的地址称为该变量的指针，例如，地址 2000 是变量 i 的指针。

如果有一个变量专门用来存放另一变量的地址（即指针），则它称为“指针变量”。

i_pointer 就是一个指针变量。指针变量就是地址变量，用来存放地址的变量，指针变量的值是地址（即指针）。

指针和指针变量是两个不同的概念，可以说变量 i 的指针是 2000，而不能说 i 的指针变量是 2000。指针是一个地址，而指针变量是存放地址的变量。

定义指针变量的一般形式为

```
类型  * 指针变量名;
```

例如：

```
int *pointer_1, *pointer_2;
```

int 是为指针变量指定的基类型，基类型指定指针变量可指向的变量类型。如 pointer_1 可以指向整型变量，但不能指向浮点型变量。

【例 6-1】 通过指针变量访问整型变量。

解题思路：先定义两个整型变量，再定义两个指针变量，分别指向这两个整型变量。通过访问指针变量，可以找到它们所指向的变量，从而得到这些变量的值。

```
#include <stdio.h>
int main()
{ int a=100,b=10;
   int *pointer_1, *pointer_2;
```

```
    pointer_1 = &a;
    pointer_2 = &b;
    printf("a = %d,b = %d\n",a,b);
    printf(" * pointer_1 = %d, * pointer_2 =
            %d\n", * pointer_1, * pointer_2);
    return 0;
}
```

学习情境2：掌握指针变量的运算

要熟练掌握如下两个有关的运算符。

（1）&：取地址运算符。例如，&a是变量a的地址。

（2）*：指针运算符（“间接访问”运算符）。例如，如果p指向变量a，则*p就代表a。

```
k = *p;                    (把 a 的值赋给 k)
*p = 1;                    (把 1 赋给 a)
```

【例6-2】 输入a和b两个整数，按先大后小的顺序输出a和b。

解题思路：用指针方法来处理这个问题。不交换整型变量的值，而是交换两个指针变量的值。

```
#include <stdio.h>
int main()
{ int * p1, * p2, * p,a,b;
  printf("integer numbers:");
  scanf("%d, %d",&a,&b);
  p1 = &a; p2 = &b;
  if(a < b)
  { p = p1; p1 = p2; p2 = p; }
  printf("a = %d,b = %d\n",a,b);
  printf("%d, %d\n", * p1, * p2);
  return 0;
}
```

注意：a和b的值并未交换，它们仍保持原值；但p1和p2的值改变了。p1的值原为&a，后来变成&b，p2的值原为&b，后来变成&a，这样在输出*p1和*p2时，实际上是输出变量b和a的值，所以先输出9，然后输出5。

学习情境3：掌握指向指针的指针变量

指针变量有它自己的地址，如果用一个指针变量存放另一个指针变量的地址，则称该指针变量为指向指针的指针。指向指针的指针也叫作多级指针，可以有二级指针、三级指针等，本节主要介绍二级指针。

二级指针的定义形式如下。

```
类型说明符 * * 指针变量名
```

例如：

```
int * * p, * q,a = 50;
q = &a, p = &q;
```

第一条语句中，int ＊＊p 说明 p 是一个二级指针，p 不是指向一个整数，而是指向一个整型指针。

上面的赋值语句使 p 指向 q，而 q 指向 a；由于 ＊p 代表存储单元 q，＊q 代表存储单元 a，因此 ＊＊p 也代表存储单元 a，如图 6-1 所示。

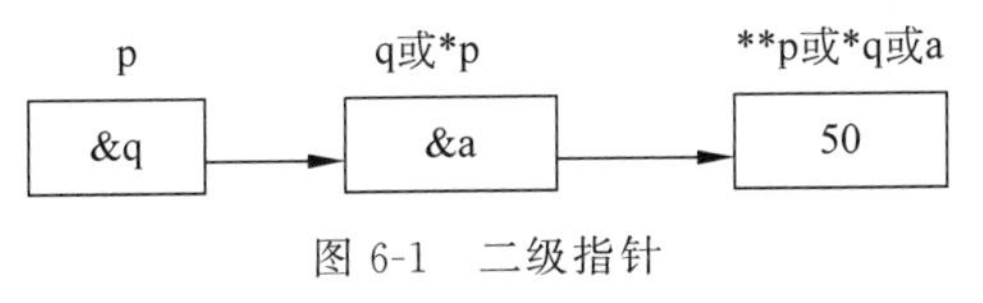

图 6-1　二级指针

【例 6-3】 用二级指针 p 访问变量 a。观察下面程序的运行结果。

```
#include <stdio.h>
int main( )
{
    int **p, *q,a = 50;
    q = &a,p = &q;
    printf("a= %d, *q= %d, **p= %d\n",a, *q, **p);   /*变量a的值就是*q或**p的值*/
    printf("*p=&q= %d\n", *p);                      /*  *p的值就是q的地址值*/
    return 0;
}
```

运行结果：

```
a=50, *q =50, **p=50
*p=&q=7732928
```

其中，＊p 得到的是 q 的地址值，不同的计算机可能得到不同的结果，因为不同的计算机、不同的操作系统存储变量的地址会有所不同。

任务 2：掌握指针的应用

学习情境 1：掌握指针变量作为参数的应用

【例 6-4】 即对输入的两个整数按大小顺序输出。现用函数处理，而且用指针类型的数据作函数参数。

解题思路：定义一个函数 swap，将指向两个整型变量的指针变量作为实参传递给 swap 函数的形参指针变量，在函数中通过指针实现交换两个变量的值。

```
#include <stdio.h>
int main()
{void swap(int *p1,int *p2);
  int a,b; int *pointer_1, *pointer_2;
  printf("please enter a and b:");
  scanf("%d,%d",&a,&b);
  pointer_1=&a;
  pointer_2=&b;
  if (a<b) swap(pointer_1,pointer_2);
  printf("max=%d,min=%d\n",a,b);
  return 0;
```

```
}
void swap(int *p1,int *p2)
{ int temp;
   temp = *p1;
   *p1 = *p2;
   *p2 = temp;
}
```

如果想通过函数调用得到n个要改变的值：

(1) 在主调函数中设n个变量，用n个指针变量指向它们。

(2) 设计一个函数，有n个指针形参。在这个函数中改变这n个形参的值。

(3) 在主调函数中调用这个函数，在调用时将这n个指针变量作实参，将它们的地址传给该函数的形参。

(4) 在执行该函数的过程中，通过形参指针变量，改变它们所指向的n个变量的值。

(5) 主调函数就可以使用这些改变了值的变量。

【例 6-5】 对输入的两个整数按大小顺序输出。

解题思路：尝试调用swap函数来实现题目要求。在函数中改变形参(指针变量)的值，希望能由此改变实参(指针变量)的值。

```
#include <stdio.h>
int main()
{void swap(int *p1,int *p2);
  int a,b; int *pointer_1, *pointer_2;
  scanf("%d,%d",&a,&b);
  pointer_1 = &a; pointer_2 = &b;
  if (a<b) swap(pointer_1,pointer_2);
  printf("max = %d,min = %d\n",a,b);
  return 0;
}
```

【例 6-6】 输入三个整数a、b、c，要求按由大到小的顺序将它们输出。用函数实现。

```
#include <stdio.h>
int main()
{ void exchange(int *q1, int *q2, int *q3);
   int a,b,c, *p1, *p2, *p3;
   scanf("%d,%d,%d",&a,&b,&c);
   p1 = &a;p2 = &b;p3 = &c;
   exchange(p1,p2,p3);
   printf("%d,%d,%d\n",a,b,c);
   return 0;
}
void exchange(int *q1, int *q2, int *q3)
{ void swap(int *pt1, int *pt2);
   if(*q1 < *q2) swap(q1,q2);
   if(*q1 < *q3) swap(q1,q3);
   if(*q2 < *q3) swap(q2,q3);
}
void swap(int *pt1, int *pt2)
{ int temp;
```

```
    temp = *pt1; *pt1 = *pt2; *pt2 = temp;
}
```

学习情境2：掌握指针变量在数组中的应用

1. 数组元素的指针

一个变量有地址，一个数组包含若干元素，每个数组元素都有相应的地址，指针变量可以指向数组元素（把某一元素的地址放到一个指针变量中）。数组元素的指针就是数组元素的地址。

可以用一个指针变量指向一个数组元素：

```
int a[10] = {1,3,5,7,9,11,13,15,17,19};
    int *p;
    p = &a[0];
```

注意：数组名 a 不代表整个数组，只代表数组首元素的地址。"p＝a;"的作用是"把 a 数组的首元素的地址赋给指针变量 p"，而不是"把数组 a 各元素的值赋给 p"。

2. 在引用数组元素时指针的运算

（1）如果指针变量 p 已指向数组中的一个元素，则 p＋1 指向同一数组中的下一个元素，p－1 指向同一数组中的上一个元素。

```
float a[10], *p = a;
```

假设 a[0]的地址为 2000，则：

p 的值为 2000。

p＋1 的值为 2004。

p－1 的值为 1996。

（2）如果 p 的初值为 &a[0]，则 p＋i 和 a＋i 就是数组元素 a[i]的地址，或者说，它们指向 a 数组序号为 i 的元素。

（3）*(p＋i)或*(a＋i)是 p＋i 或 a＋i 所指向的数组元素，即 a[i]。

3. 通过指针引用数组元素

引用一个数组元素，可使用下面两种方法。

（1）下标法，如 a[i]。

（2）指针法，如*(a＋i)或*(p＋i)。

其中，a 是数组名，p 是指向数组元素的指针变量，其初值 p＝a。

【例 6-7】 有一个整型数组 a，有 10 个元素，要求输出数组中的全部元素。

解题思路：引用数组中各元素的值有以下三种方法。

分别写出程序，以比较分析。

（1）下标法。

```
#include <stdio.h>
int main()
{ int a[10]; int i;
    printf("enter 10 integer numbers:\n");
    for(i = 0;i < 10;i++) scanf("%d",&a[i]);
    for(i = 0;i < 10;i++) printf("%d ",a[i]);
```

```
    printf("%\n");
    return 0;
}
```


(2) 通过数组名计算数组元素地址,找出元素的值。

```
#include <stdio.h>
int main()
{ int a[10]; int i;
    printf("enter 10 integer numbers:\n");
    for(i=0;i<10;i++) scanf("%d",&a[i]);
    for(i=0;i<10;i++)
          printf("%d ",*(a+i));
    printf("\n");
    return 0;
}
```

(3) 用指针变量指向数组元素。

```
#include <stdio.h>
int main()
{ int a[10]; int *p,i;
    printf("enter 10 integer numbers:\n");
    for(i=0;i<10;i++) scanf("%d",&a[i]);
    for(p=a;p<(a+10);p++)
        printf("%d ",*p);
    printf("\n");
    return 0;
}
```

【例 6-8】 通过指针变量输出整型数组 a 的 10 个元素。

解题思路:用指针变量 p 指向数组元素,通过改变指针变量的值,使 p 先后指向 a[0]~a[9]各元素。

```
#include <stdio.h>
int main()
{ int *p,i,a[10];
    p=a;
    printf("enter 10 integer numbers:\n");
    for(i=0;i<10;i++) scanf("%d",p++);
    for(i=0;i<10;i++,p++)
        printf("%d ",*p);
    printf("\n");
    return 0;
}
```

4. 用数组名作函数参数

用数组名作函数参数时,因为实参数组名代表该数组首元素的地址,形参应该是一个指针变量,C 编译都是将形参数组名作为指针变量来处理的。

```
int main()
{ void fun(int arr[],int n);
    int array[10];
```

```
    ...
    fun (array,10);
    return 0;
}
void fun(int * arr,int n)
{ … }
```

【例 6-9】 将数组 a 中 n 个整数按相反顺序存放。

```
#include <stdio.h>
int main()
{ void inv(int x[ ],int n);
    int i, a[10] = {3,7,9,11,0,6,7,5,4,2};
    for(i = 0;i < 10;i++) printf(" %d ",a[i]);
    printf("\n");
    inv(a,10);
    for(i = 0;i < 10;i++) printf(" %d ",a[i]);
    printf("\n");
    return 0;
}
void inv(int x[ ],int n)
{ int temp,i,j,m = (n - 1)/2;
    for(i = 0;i <= m;i++)
    { j = n - 1 - i;
        temp = x[i];x[i] = x[j];x[j] = temp;
     }
}
```

优化：

```
void inv(int x[ ],int n)
{ int temp, * i, * j;
    i = x; j = x + n - 1;
    for( ; i < j; i++,j -- )
    { temp = * i; * i = * j; * j = temp; }
}
```

【例 6-10】 改写例 6-9,用指针变量作实参。

```
#include <stdio.h>
int main()
{ void inv(int * x,int n);
    int i, arr[10], * p = arr;
    for(i = 0;i < 10;i++,p++)
        scanf(" %d",p);
    inv(p,10);
    for(p = arr;p < arr + 10;p++)
        printf(" %d ", * p);
    printf("\n");
    return 0;
}
```

【例 6-11】 用指针方法对 10 个整数按由大到小顺序排序。

解题思路：在主函数中定义数组 a 存放 10 个整数，定义 int * 型指针变量 p 指向 a[0]；

定义函数 sort 使数组 a 中的元素按由大到小的顺序排列；在主函数中调用 sort 函数，用指针 p 作实参；用选择法进行排序。


```
#include <stdio.h>
int main()
{ void sort(int x[ ],int n);
   int i, *p,a[10];
   p=a;
   for(i=0;i<10;i++) scanf("%d",p++);
   p=a;
   sort(p,10);
   for(p=a,i=0;i<10;i++)
   { printf("%d ", *p); p++; }
   printf("\n");
   return 0;
}
void sort(int x[ ],int n)
{ int i,j,k,t;
   for(i=0;i<n-1;i++)
   { k=i;
      for(j=i+1;j<n;j++)
        if(x[j]>x[k]) k=j;
          if(k!=i)
            { t=x[i];x[i]=x[k];x[k]=t; }
   }
}
```

5. 通过指针引用多维数组

指针变量可以指向一维数组中的元素，也可以指向多维数组中的元素。但在概念上和使用方法上，多维数组的指针比一维数组的指针要复杂一些。

多维数组元素的地址：

```
int a[3][4]={{1,3,5,7}, {9,11,13,15},{17,19,21,23}};
```

a 代表第 0 行首地址，a+1 代表第 1 行首地址，a+2 代表第 2 行首地址。

【例 6-12】 二维数组的有关数据(地址和值)。

```
#include <stdio.h>
int main()
{ int a[3][4]={1,3,5,7,9,11,13,15,17,19,21,23};
  printf("%d, %d\n",a, *a);
  printf("%d, %d\n",a[0], *(a+0));
  printf("%d, %d\n",&a[0],&a[0][0]);
  printf("%d, %d\n",a[1],a+1);
  printf("%d, %d\n",&a[1][0], *(a+1)+0);
  printf("%d, %d\n",a[2], *(a+2));
  printf("%d, %d\n",&a[2],a+2);
  printf("%d, %d\n",a[1][0], *(*(a+1)+0));
  printf("%d, %d\n", *a[2], *(*(a+2)+0));
  return 0;
}
```

【例 6-13】 有一个 3×4 的二维数组，要求用指向元素的指针变量输出二维数组各元素的值。

解题思路：二维数组的元素是整型的，它相当于整型变量，可以用 int * 型指针变量指向它，二维数组的元素在内存中是按行顺序存放的，即存放完序号为 0 的行中的全部元素后，接着存放序号为 1 的行中的全部元素，以此类推，因此可以用一个指向整型元素的指针变量，依次指向各个元素。

```
#include <stdio.h>
int main()
{ int a[3][4] = {1,3,5,7,9,11,13,15,17,19,21,23};
   int  *p;
   for(p = a[0];p < a[0] + 12;p++)
   { if((p - a[0]) % 4 == 0) printf("\n");
      printf(" %4d", *p);
   }
   printf("\n");
   return 0;
}
```

【例 6-14】 输出二维数组任一行任一列元素的值。

解题思路：假设仍然用例 6-13 程序中的二维数组，例 6-13 中定义的指针变量是指向变量或数组元素的，现在改用指向一维数组的指针变量。

```
#include <stdio.h>
int main()
{int a[3][4] = {1,3,5,7,9,11,13,15,17,19,21,23};
  int ( *p)[4],i,j;
  p = a;
  printf("enter row and colum:");
  scanf(" %d, %d",&i,&j);
  printf("a[ %d, %d] = %d\n", i,j, *( *(p + i) + j));
  return 0;
}
```

【例 6-15】 有一个班，有 3 个学生，各学 4 门课，计算总平均分数以及第 n 个学生的成绩。

解题思路：这个题目是很简单的。本例用指向数组的指针作函数参数。用函数 average 求总平均成绩，用函数 search 找出并输出第 i 个学生的成绩。

```
#include <stdio.h>
int main()
{ void average(float  *p,int n);
   void search(float ( *p)[4],int n);
   float score[3][4] = {{65,67,70,60},{80,87,90,81},{90,99,100,98}};
   average( *score,12);
   search(score,2);
   return 0;
}
void average(float  *p,int n)
{ float  *p_end;
```

```
    float sum = 0,aver;
    p_end = p + n - 1;
    for( ;p <= p_end; p++)
        sum = sum + ( * p);
    aver = sum/n;
    printf("average = %5.2f\n",aver);
}
void search(float ( * p)[4],int n)
{ int i;
    printf("The score of No. %d are:\n",n);
    for(i = 0;i < 4;i++)
        printf(" %5.2f ", * ( * (p + n) + i));
    printf("\n");
}
```

【例 6-16】 在例 6-15 的基础上,查找有一门以上课程不及格的学生,输出他们的全部课程的成绩。

解题思路:在主函数中定义二维数组 score,定义 search 函数实现输出有一门以上课程不及格的学生的全部课程的成绩,形参 p 的类型是 float(*)[4]。在调用 search 函数时,用 score 作为实参,把 score[0]的地址传给形参 p。

```
#include <stdio.h>
int main()
{ void search(float ( * p)[4],int n);
    float score[3][4] = {{65,57,70,60},
        {58,87,90,81},{90,99,100,98}};
    search(score,3);
    return 0;
}
void search(float ( * p)[4],int n)
{ int i,j,flag;
    for(j = 0;j < n;j++)
    { flag = 0;
        for(i = 0;i < 4;i++)
            if( * ( * (p + j) + i)< 60) flag = 1;
        if(flag == 1)
        { printf("No. %d fails\n",j + 1);
            for(i = 0;i < 4;i++)
                printf(" %5.1f ", * ( * (p + j) + i));
            printf("\n");
        }
    }
}
```

学习情境 3:掌握指针在字符串中的应用

1. 字符串的引用方式

字符串是存放在字符数组中的。引用一个字符串,可以用以下两种方法。

(1) 用字符数组存放一个字符串,可以通过数组名和格式声明“%s”输出该字符串,也可以通过数组名和下标引用字符串中的一个字符。

(2) 用字符指针变量指向一个字符串常量,通过字符指针变量引用字符串常量。

【例 6-17】 定义一个字符数组,在其中存放字符串"I love China!",输出该字符串和第8个字符。

解题思路:定义字符数组 string,对它初始化,由于在初始化时字符的个数是确定的,因此可不必指定数组的长度。用数组名 string 和输出格式%s 可以输出整个字符串。用数组名和下标可以引用任一数组元素。

```
#include <stdio.h>
int main()
{ char string[] = "I love China!";
   printf("%s\n",string);
   printf("%c\n",string[7]);
   return 0;
}
```

【例 6-18】 通过字符指针变量输出一个字符串。

解题思路:可以不定义字符数组,只定义一个字符指针变量,用它指向字符串常量中的字符。通过字符指针变量输出该字符串。

```
#include <stdio.h>
int main()
{ char *string = "I love China!";
   printf("%s\n",string);
   return 0;
}
#include <stdio.h>
int main()
{ char *string = "I love China!";
   printf("%s\n",string);
   string = "I am a student.";
   printf("%s\n",string);
   return 0;
}
```

【例 6-19】 将字符串 a 复制为字符串 b,然后输出字符串 b。

解题思路:定义两个字符数组 a 和 b,用"I am a student."对 a 数组初始化。将 a 数组中的字符逐个复制到 b 数组中。可以用不同的方法引用并输出字符数组元素,现用地址法算出各元素的值。

```
#include <stdio.h>
int main()
{ char a[ ] = "I am a student.",b[20];
   int i;
   for(i = 0; *(a + i)!= '\0';i++)
        *(b + i) = *(a + i);
    *(b + i) = '\0';
   printf("string a is: %s\n",a);
   printf("string b is:");
   for(i = 0;b[i]!= '\0';i++)
```

```
        printf("%c",b[i]);
    printf("\n");
    return 0;
}
```


【例 6-20】 用指针变量来处理例 6-19 的问题。

解题思路：定义两个指针变量 p1 和 p2，分别指向字符数组 a 和 b。改变指针变量 p1 和 p2 的值，使它们顺序指向数组中的各元素，进行对应元素的复制。

```
#include <stdio.h>
int main()
{char a[] = "I am a boy.",b[20], *p1, *p2;
  p1 = a; p2 = b;
  for( ; *p1!= '\0'; p1++,p2++)
       *p2 = *p1;
  *p2 = '\0';
  printf("string a is: %s\n",a);
  printf("string b is: %s\n",b);
  return 0;
}
```

2. 字符指针作函数参数

如果想把一个字符串从一个函数"传递"到另一个函数，可以用地址传递的办法，即用字符数组名作参数，也可以用字符指针变量作参数。在被调用的函数中可以改变字符串的内容，在主调函数中可以引用改变后的字符串。

【例 6-21】 用函数调用实现字符串的复制。

解题思路：定义一个函数 copy_string 用来实现字符串复制的功能，在主函数中调用此函数，函数的形参和实参可以分别用字符数组名或字符指针变量。分别编程，以供分析比较。

(1) 用字符数组名作为函数参数。

```
#include <stdio.h>
int main()
{void copy_string(char from[],char to[]);
  char a[] = "I am a teacher.";
  char b[] = "You are a student.";
  printf("a = %s\nb = %s\n",a,b);
  printf("copy string a to string b:\n");
  copy_string(a,b);
  printf("a = %s\nb = %s\n",a,b);
  return 0;
}
void copy_string(char from[], char to[])
{ int i = 0;
    while(from[i]!= '\0')
    {   to[i] = from[i];
        i++;
    }
    to[i] = '\0';
}
```

(2) 用字符型指针变量作实参。

copy_string 不变,在 main 函数中定义字符指针变量 from 和 to,分别指向两个字符数组 a 和 b。

仅需要修改主函数代码:

```
#include <stdio.h>
int main()
{void copy_string(char from[], char to[]);
  char a[] = "I am a teacher.";
  char b[] = "You are a student.";
  char *from = a, *to = b;
  printf("a = %s\nb = %s\n",a,b);
  printf("\ncopy string a to string b:\n");
  copy_string(from,to);
  printf("a = %s\nb = %s\n",a,b);
  return 0;
}
```

(3) 用字符指针变量作形参和实参。

```
#include <stdio.h>
int main()
{void copy_string(char *from, char *to);
  char *a = "I am a teacher.";
  char b[] = "You are a student.";
  char *p = b;
  printf("a = %s\nb = %s\n",a,b);
  printf("\ncopy string a to string b:\n");
  copy_string(a,p);
  printf("a = %s\nb = %s\n",a,b);
  return 0;
}
void copy_string(char *from, char *to)
{ for( ; *from!= '\0'; from++,to++)
      { *to = *from; }
   *to = '\0';
}
```

3. 使用字符指针变量和字符数组的比较

用字符数组和字符指针变量都能实现字符串的存储和运算,但它们二者之间是有区别的,不应混为一谈,主要有以下几点。

(1) 字符数组由若干个元素组成,每个元素中放一个字符,而字符指针变量中存放的是地址(字符串第1个字符的地址),绝不是将字符串放到字符指针变量中。

(2) 赋值方式。可以对字符指针变量赋值,但不能对数组名赋值。

```
char *a; a = "I love China!";                //对
char str[14];str[0] = 'I';                   //对
char str[14]; str = "I love China!";         //错
```

(3) 初始化的含义。

```
char *a = "I love China!";与 char *a; a = "I love China!"; 等价
char str[14] = "I love China!";与 char str[14]; str[] = "I love China!"; 不等价
```

(4) 存储单元的内容。

编译时为字符数组分配若干存储单元,以存放各元素的值,而对字符指针变量,只分配一个存储单元。

```
char *a; scnaf("%s",a);                                    //错
char *a,str[10];
a = str;
scanf ("%s",a);                                            //对
```

(5) 指针变量的值是可以改变的,而数组名代表一个固定的值(数组首元素的地址),不能改变。

【例 6-22】 改变指针变量的值。

```
#include <stdio.h>
int main()
{ char *a = "I love China!";
    a = a + 7;
    printf("%s\n",a);
    return 0;
}
```

(6) 字符数组中各元素的值是可以改变的,但字符指针变量指向的字符串常量中的内容是不可以被取代的。

```
char a[] = "House", *b = " House";
a[2] = 'r';                                                //对
char a[] = "House", *b = "House";
b[2] = 'r';                                                //错
```

(7) 引用数组元数。

对字符数组可以用下标法和地址法引用数组元素(a[5], *(a+5))。如果字符指针变量 p=a,则也可以用指针变量带下标的形式和地址法引用(p[5], *(p+5))。

```
char *a = "I love China!";
```

则 a[5]的值是第 6 个字符,即字母'e'。

(8) 用指针变量指向一个格式字符串,可以用它代替 printf 函数中的格式字符串。

```
char *format;
format = "a = %d,b = %f\n";
printf(format,a,b);
```

相当于

```
printf("a = %d,b = %f\n",a,b);
```

学习情境 4:掌握指针在函数中的应用

1. 什么是函数指针

如果在程序中定义了一个函数,在编译时,编译系统为函数代码分配一段存储空间,这

段存储空间的起始地址，称为这个函数的指针。

可以定义一个指向函数的指针变量，用来存放某一函数的起始地址，这就意味着此指针变量指向该函数。例如：

```
int (*p)(int,int);
```

定义 p 是指向函数的指针变量，它可以指向类型为整型且有两个整型参数的函数。p 的类型用 int (*)(int,int)表示。

2. 用函数指针变量调用函数

【例 6-23】 用函数求整数 a 和 b 中的大者。

解题思路：定义一个函数 max，实现求两个整数中的大者。在主函数中调用 max 函数，除了可以通过函数名调用外，还可以通过指向函数的指针变量来实现。分别编程并做比较。

（1）通过函数名调用函数。

```
#include <stdio.h>
int main()
{ int max(int,int);
   int a,b,c;
   printf("please enter a and b:");
   scanf("%d,%d",&a,&b);
   c = max(a,b);
   printf("%d,%d,max = %d\n",a,b,c);
   return 0;
}
int max(int x,int y)
{ int z;
   if(x > y) z = x;
   else z = y;
   return(z);
}
```

（2）通过指针变量访问它所指向的函数。

```
#include <stdio.h>
int main()
{ int max(int,int);
   int (*p)(int,int); int a,b,c;
   p = max;
   printf("please enter a and b:");
   scanf("%d,%d",&a,&b);
   c = (*p)(a,b);
   printf("%d,%d,max = %d\n",a,b,c);
   return 0;
}
```

3. 定义和使用指向函数的指针变量

定义指向函数的指针变量的一般形式为

```
数据类型 (*指针变量名)(函数参数表列);
```

例如：

```
int ( * p)(int,int);
p = max;                                              //对
p = max(a,b);                                         //错
p + n,p++,p -- 等运算无意义
```

【例 6-24】 输入两个整数，然后让用户选择 1 或 2，选 1 时调用 max 函数，输出二者中的大数；选 2 时调用 min 函数，输出二者中的小数。

解题思路：定义两个函数 max 和 min，分别用来求大数和小数。在主函数中根据用户输入的数字 1 或 2，使指针变量指向 max 函数或 min 函数。

```
#include <stdio.h>
int main()
{int max(int,int); int min(int x,int y);
  int ( * p)(int,int); int a,b,c,n;
  scanf("%d,%d",&a,&b);
  scanf("%d",&n);
  if (n == 1) p = max;
  else if (n == 2) p = min;
  c = ( * p)(a,b);
  printf("a = %d,b = %d\n",a,b);
  if (n == 1) printf("max = %d\n",c);
  else printf("min = %d\n",c);
  return 0;
}
  int max(int x,int y)
  { int z;
     if(x > y) z = x;
     else z = y;
     return(z);
  }
  int min(int x,int y)
  { int z;
     if(x < y) z = x;
     else z = y;
     return(z);
  }
```

4. 用指向函数的指针作函数参数

指向函数的指针变量的一个重要用途是把函数的地址作为参数传递到其他函数。指向函数的指针可以作为函数参数，把函数的入口地址传递给形参，这样就能够在被调用的函数中使用实参函数。

```
…
int main()
{ … fun(f1,f2) … }

void fun(int ( * x1)(int),int ( * x2)(int,int))
{ int a,b,i = 3,j = 5;
    a = ( * x1)(i);
```

```
    b = ( * x2)(i,j);
}
```

【例 6-25】 有两个整数 a 和 b,由用户输入 1,2 或 3。如输入 1,程序就给出 a 和 b 中的大者;输入 2,就给出 a 和 b 中的小者;输入 3,则求 a 与 b 之和。

解题思路:与例 6-24 相似,但现在用一个函数 fun 来实现以上功能。

```
#include <stdio.h>
int main()
{void fun(int x,int y, int ( * p)(int,int));
  int max(int,int); int min(int,int);
  int add(int,int); int a = 34,b = - 21,n;
  printf("please choose 1,2 or 3:");
  scanf(" % d",&n);
  if (n == 1) fun(a,b,max);
  else if (n == 2) fun(a,b,min);
  else if (n == 3) fun(a,b,add);
  return 0;
}
int fun(int x,int y,int ( * p)(int,int))
{ int resout;
   resout = ( * p)(x,y);
   printf(" % d\n",resout);
}
int max(int x,int y)
{ int z;
   if(x > y) z = x;
   else z = y;
   printf("max = " );
   return(z);
  }
int min(int x,int y)
{ int z;
   if(x < y) z = x;
   else z = y;
   printf("min = ");
   return(z);
}
int add(int x,int y)
{ int z;
   z = x + y;
   printf("sum = ");
   return(z);
}
```

应 用 实 例

应用实例 1:

设数组 a 有 5 个元素,通过指针求其所有元素的平均值。

分析：在编写程序时，可以不断移动指针 p，使其指向不同的数组元素，通过 for 循环计算数组所有元素的平均值。

源程序：

```
#include <stdio.h>
int main( )
{
    double a[5],avg = 0, *p = a;
    for(p = a; p < a + 5; p++)              /* 移动指针 p,使其依次指向每个数组元素 */
    {
        scanf("%lf",p);
        avg +=  *p;                         /* 通过指针访问数组元素,累加各个元素的值 */
    }
    avg /= 5;
    printf("数组的平均值为: %lf\n",avg);
    return 0;
}
```

运行结果：

```
1.2  3.4  5.6  7.8  8.9↙
数组的平均值为: 5.380000
```

应用实例 2：

用函数指针的方法求函数 $f(x)=x^2-2x+3$ 的值。

源程序：

```
#include <stdio.h>
double fun(float a)
{
    return (a * a - 2 * a + 3);
}
int main( )
{
    float x;
    double y;
    double ( * fp)(float);
    fp = fun;                               /* 使 fp 指向函数 fun 的入口地址 */
    printf("input x:\n");
    scanf("%f",&x);
    y = ( * fp)(x);                         /* 通过函数指针 fp 调用 fun 函数 */
    printf("f(x) = %.2f\n",y);
    return 0;
}
```

运行结果：

```
intput x:
3.5
f(x) = 8.25
```

应用实例 3：

通过函数调用的方法计算 N 个学生的平均分、最高分和最低分。

源程序：

```
#include <stdio.h>
#define N 5
float fun(int *q,int *m,int *n)          /*通过指针作形参的方法得到多个值*/
{
    int i;
    float ave = 0;
    *m = *n = *q;
    for(i=0;i<N;i++,q++)
    {
        ave = ave + *q;
        if(*m<*q) *m = *q;
        if(*n>*q) *n = *q;
    }
    ave = ave/N;
    return ave;
}
int main( )
{
    int score[N], *p,max,min;
    float avg;
    for(p=score;p<score+N;p++)
        scanf("%d",p);
    p = score;                            /*将指针移到数组的起始位置*/
    avg = fun(p,&max,&min);
    printf("%d个学生的平均分为%.2f\n",N,avg);
    printf("%d个学生的最高分和最低分分别为%d,%d\n",N,max,min);
    return 0;
}
```

运行结果：

```
86 85 98 100 25↙
5个学生的平均分为78.80
5个学生的最高分和最低分分别为100,25
```

习　　题

一、单项选择题

1. 若已定义 x 为 int 类型变量，下列语句中说明指针变量 p 的正确语句是(　　)。

   A. int p = &x;　　　　B. int *p = x;

   C. int *p = &x;　　　　D. *p = *x;

2. 若有下列定义，则对 a 数组元素的正确引用是(　　)。

```
int a[5], *p = a;
```

   A. *(p+5)　　B. *p+2　　C. *(a+2)　　D. *&a[5]

3. 对于基本类型相同的两个指针变量之间，不能进行的运算是(　　)。

   A. <　　B. =　　C. +　　D. -

4. 有以下程序段，则b中的值是(　　)。

```
int a[10] = {1,2,3,4,5,6,7,8,9,10}, *p = &a[3],b;
b = p[5];
```

A. 5　　B. 6　　C. 8　　D. 9

5. 以下程序执行后输出的结果是(　　)。

```
#include <stdio.h>
int main( )
{
    char *p[10] = {"abc","aabdfg","dcdbe","abbd","cd"};
    printf("%d\n",strlen(p[4]));
    return 0;
}
```

A. 2　　B. 3　　C. 4　　D. 5

6. 以下程序的输出结果是(　　)。

```
#include <stdio.h>
int main( )
{
    int a[ ] = {1,2,3,4,5,6,7,8,9,0,}, *p;
    p = a;
    printf("%d\n", *p+9);
    return 0;
}
```

A. 0　　B. 1　　C. 10　　D. 9

7. 若有说明“int *p1, *p2,m=5,n;”，以下均是正确赋值语句的选项是(　　)。

A. p1 = &m; p2 = &p1;　　B. p1 = &m; p2=&n; *p1 = *p2;

C. p1 = &m; p2 = p1;　　D. p1 = &m; *p1 = *p2;

8. 设“char *s="\ta\017bc";”，则指针变量s指向的字符串所占的字节数是(　　)。

A. 9　　B. 5　　C. 6　　D. 7

9. 若有定义“int *p[3];”，则以下叙述中正确的是(　　)。

A. 定义了一个类型为int的指针变量p，该变量具有3个指针

B. 定义了一个指针数组p，该数组含有3个元素，每个元素都是int型的指针

C. 定义了一个名为*p的整型数组，该数组含有3个int类型元素

D. 定义了一个可指向一维数组的指针变量p，所指一维数组应具有3个int元素

10. 以下程序的输出结果是(　　)。

```
#include <stdio.h>
void fun(int *p)
{
    printf("%d\n",p[6]);
}
int main( )
{
    int a[10] = {11,22,32,44,55,66,77,88,99,10};
```

```
    fun(&a[1]);
    return 0;
}
```

A. 55　　B. 66　　C. 88　　D. 99

二、阅读程序题

1. 以下程序的输出结果是________。

```
#include <stdio.h>
void ss(char *s,char t)
{
    while(*s)
{
    if(*s==t) *s = t-'a'+'A';
    s++;
}
}
int main( )
{
    char str1[100] = "abcddfefdbd", c = 'd';
    ss(str1,c);
    printf("%s\n",str1);
    return 0;
}
```

2. 以下程序的输出结果是________。

```
#include <stdio.h>
sub(int x,int y,int *z)
{
    *z = y-x;
}
int main( )
{
    int a,b,c;
    sub(10,5,&a);
    sub(7,a,&b);
    sub(a,b,&c);
    printf("%4d,%4d,%4d\n",a,b,c);
    return 0;
}
```

3. 以下程序的输出结果是________。

```
#include <stdio.h>
void f(int *p,int *q);
int main( )
{
    int m = 1,n = 2,*r = &m;
    f(r,&n);
    printf("%d,%d",m,n);
    return 0;
}
```

```
void f(int *p,int *q)
{
    p=p+1;
    *q = *q+1;
}
```

4. 以下程序的输出结果是________。

```
#include <stdio.h>
int main( )
{
    int k = 2,m = 4,n = 6;
    int *pk = &k, *pm = &m, *p;
    *(p = &n) = *pk*(*pm);
    printf("%d\n",n);
    return 0;
}
```

5. 以下程序的输出结果是________。

```
#include <stdio.h>
int main ()
{
    int **k, *a, b = 100;
    a = &b;k = &a;
    printf("%d\n", **k);
    return 0;
}
```

三、程序填空题

以下程序的功能是把字符串中所有的字母改写成该字母的下一个字母,最后一个字母z改写成字母a。大写字母仍为大写字母,小写字母仍为小写字母,其他的字符不变。例如,原有的字符串为“Mn. 123xyZ”,调用该函数后,字符串中的内容为“No. 123yzA”。请填空。

```
#include <stdio.h>
#include <string.h>
#define N 81
int main( )
{
    char a[N], *s;
    printf ( "Enter a string : " );
    gets ( a );
/*********** SPACE ***********/
    【1】;
    while( *s)
    {
        if( *s == 'z')
            *s = 'a';
        else if( *s == 'Z')
            *s = 'A';
        else if(isalpha( *s))
/*********** SPACE ***********/
            【2】;
```

```
/************ SPACE ************/
            【3】;
    }
    printf ( "The string after modified : ");
    puts (a);
    return 0;
}
```

四、程序设计题

1. 输入一个字符串,统计其中字母(不区分大小写)、数字和其他字符的个数。

2. “回文”是顺读和反读相同的字符串,如“4224”“abba”等。试编写程序,判断字符串是否是回文。

3. 编写一个函数 void fun(int *a,int n,int *odd,int *even),函数的功能是分别求出数组 a 中所有奇数之和与偶数之和。形参 n 给出数组中数据的个数,利用 odd 返回奇数之和,even 返回偶数之和。

4. 编写函数 void fun(int *p,int n),将 main 函数中输入的一组整型数据逆序存放。

项目 7 学习 C 语言文件

任务 1：掌握 C 语言文件的打开与关闭

学习情境 1：了解文件基本概念

1. 文件的定义

在 C 语言程序设计中，主要用到以下两种文件。

(1) 程序文件。包括源程序文件(后缀为. c)、目标文件(后缀为. obj)、可执行文件(后缀为. exe)等。这种文件的内容是程序代码。

(2) 数据文件。文件的内容不是程序，而是供程序运行时读写的数据，如在程序运行过程中输出到磁盘(或其他外部设备)的数据，或在程序运行过程中供读入的数据。例如，一批学生的成绩数据，或货物交易的数据等。

"文件"指存储在外部介质上数据的集合。一批数据是以文件的形式存放在外部介质上，操作系统是以文件为单位对数据进行管理，想找存放在外部介质上的数据，先按文件名找到所指定的文件，然后再从该文件读数据，要向外部介质上存储数据也必须先建立一个文件(以文件名作为标志)，才能向它输出数据。

2. 文件名

文件要有一个唯一的文件标识，以便用户识别和引用。文件标识包括以下三部分。

(1) 文件路径。

(2) 文件名主干。

(3) 文件后缀。

文件路径表示文件在外部存储设备中的位置。例如，D:\CC\temp\file1. dat 表示 file1. dat 文件存放在 D 盘中的 CC 目录下的 temp 子目录下面。

3. 文件的分类

根据数据的组织形式，数据文件可分为 ASCII 文件和二进制文件。数据在内存中是以二进制形式存储的，如果不加转换地输出到外存，就是二进制文件。如果要求在外存上以 ASCII 码形式存储，则需要在存储前转换为 ASCII 文件，每一字节放一个字符的 ASCII 码。字符型数据一律以 ASCII 码形式存储。数值型数据既可以用 ASCII 码形式存储，也可以用二进制形式存储。如有整数 10000，如果用 ASCII 码形式输出到磁盘，则在磁盘中占 5B(每一个字符占 1B)，而用二进制形式输出，则在磁盘上只占 4B(用 VC++ C 时)。

4. 文件缓冲区

缓冲文件系统是指系统自动地在内存区为程序中每一个正在使用的文件开辟一个文件缓冲区。

从内存向磁盘输出数据必须先送到内存中的缓冲区，装满缓冲区后才一起送到磁盘去。如果从磁盘向计算机读入数据，则一次从磁盘文件将一批数据输入内存缓冲区（充满缓冲区），然后再从缓冲区逐个地将数据送到程序数据区（给程序变量）。

5. 文件类型指针

"文件类型指针"简称"文件指针"，每个被使用的文件都在内存中开辟一个相应的文件信息区，用来存放文件的有关信息（如文件的名字、文件状态及文件当前位置等），这些信息是保存在一个结构体变量中的。该结构体类型是由系统声明的，取名为 FILE；声明 FILE 结构体类型的信息包含在头文件 stdio.h 中；一般设置一个指向 FILE 类型变量的指针变量，然后通过它来引用这些 FILE 类型变量。

学习情境 2：掌握 C 语言文件打开操作

对文件读写之前应该"打开"该文件，在使用结束之后应"关闭"该文件。

所谓"打开"是指为文件建立相应的信息区（用来存放有关文件的信息）和文件缓冲区（用来暂时存放输入输出的数据）。

在编写程序时，在打开文件的同时，一般都指定一个指针变量指向该文件，也就是建立起指针变量与文件之间的联系，这样就可以通过该指针变量对文件进行读写。

所谓"关闭"是指撤销文件信息区和文件缓冲区。

fopen 函数的调用方式为

```
fopen(文件名,使用文件方式);
```

例如：

```
fopen("a1","r");
```

表示要打开名为"a1"的文件，使用文件方式为"读入"。

fopen 函数的返回值是指向 a1 文件的指针。

通常将 fopen 函数的返回值赋给一个指向文件的指针变量。例如：

```
FILE * fp;
fp = fopen("a1","r");
```

fp 和文件 a1 相联系，fp 指向了 a1 文件。

在打开一个文件时，通知编译系统以下三个信息。

① 需要访问的文件的名字。

② 使用文件的方式（"读""写"等）。

③ 让哪一个指针变量指向被打开的文件。

说明：

（1）用"read"方式打开的文件只能用于向计算机输入而不能用作向该文件输出数据，而且该文件应该已经存在，并存有数据，这样程序才能从文件中读数据。不能用"read"方式打开一个并不存在的文件，否则会出错。

(2) 用“w”方式打开的文件只能用于向该文件写数据(即输出文件),而不能用来向计算机输入。如果原来不存在该文件,则在打开文件前新建立一个以指定的名字命名的文件。如果原来已存在一个以该文件名命名的文件,则在打开文件前先将该文件删去,然后重新建立一个新文件。

(3) 如果希望向文件末尾添加新的数据(不希望删除原有数据),则应该用“a”方式打开但此时应保证该文件已存在;否则将得到出错信息。打开文件时,文件读写标记移到文件末尾。

(4) 用 r+、w+、a+方式打开的文件既可以用来输入数据,也可以用来输出数据。用 r+方式时该文件应该已经存在;用 w+方式时则新建立一个文件,先向此文件写数据,然后可以读此文件中的数据;用 a+方式打开的文件,原来的文件不被删去,文件读写位置标记移到文件末尾,可以添加,也可以读。

(5) 如果打开失败,fopen 函数将会带回一个出错信息。fopen 函数将带回一个空指针值 NULL。

学习情境3:掌握C语言文件关闭操作

对文件读写之前应该“打开”该文件,在使用结束之后应“关闭”该文件。

关闭文件使用 fclose 函数。fclose 函数调用的一般形式为

```
fclose(文件指针);
```

例如:

```
fclose(fp);
```

如果不关闭文件将会丢失数据。

任务2:掌握C文件读写

学习情境1:掌握顺序文件读写

在顺序写时,先写入的数据存放在文件前面,后写入的数据存放在文件后面。

在顺序读时,先读文件中前面的数据,后读文件中后面的数据。

对顺序读写来说,对文件读写数据的顺序和数据在文件中的物理顺序是一致的。

顺序读写需要用库函数实现。

1. 向文件读写字符

读写一个字符的函数,具体如表7-1所示。

表7-1 读写字符函数

函数名	调用形式	功能	返回值
fgetc	fgetc(fp)	从fp指向的文件读入一个字符	读成功,带回所读的字符,失败则返回文件结束标志EOF(即-1)
fputc	fputc(ch,fp)	把字符ch写到文件指针变量fp所指向的文件中	写成功,返回值就是输出的字符;输出失败,则返回EOF(即-1)

【例 7-1】 从键盘输入一些字符，逐个把它们送到磁盘上去，直到用户输入一个“#”为止。

解题思路：用 fgetc 函数从键盘逐个输入字符，然后用 fputc 函数写到磁盘文件即可。

```
#include <stdio.h>
#include <stdlib.h>
int main()
{ FILE *fp;
   char ch,filename[10];
   printf("请输入所用的文件名：");
   scanf("%s",filename);
   if((fp=fopen(filename,"w"))==NULL)
    { printf("无法打开此文件\n");
       exit(0);
   }
   ch=getchar( );
   printf("请输入一个字符串(以#结束)：");
   ch=getchar( );
   while(ch!='#')
    { fputc(ch,fp);
       putchar(ch);
        ch=getchar();
     }
   fclose(fp);
   putchar(10);
   return 0;
}
```

【例 7-2】 将一个磁盘文件中的信息复制到另一个磁盘文件中。现要求将例 7-1 建立的 file1.dat 文件中的内容复制到另一个磁盘文件 file2.dat 中。

解题思路：从 file1.dat 文件中逐个读入字符，然后逐个输出到 file2.dat 中。

```
#include <stdio.h>
#include <stdlib.h>
int main( )
{ FILE *in, *out;
   char ch,infile[10],outfile[10];
   printf("输入读入文件的名字:");
   scanf("%s",infile);
   printf("输入输出文件的名字:");
   scanf("%s",outfile);
   if((in=fopen(infile,"r"))==NULL)
   {printf("无法打开此文件\n"); exit(0);}
   if((out=fopen(outfile,"w"))==NULL)
   {printf("无法打开此文件\n"); exit(0); }
   while(!feof(in))
   { ch=fgetc(in);
         fputc(ch,out);
        putchar(ch);
   }
   putchar(10);
```

```
    fclose(in);
    fclose(out);
    return 0;
}
```


2. 向文件读写一个字符串

读写一个字符串的函数，具体如表7-2所示。

表7-2 读写字符串函数

函数名	调用形式	功能	返回值
fgets	fgets(str,n,fp)	从fp指向的文件读入长度为n－1的字符串，存放到字符数组str中	读成功，返回地址str，失败则返回NULL
fputs	fputs(str,fp)	str所指向的字符串写到文件指针变量fp所指向的文件中	写成功，返回0；否则返回非0值

fgets函数的函数原型为

```
char * fgets(char * str, int n, FILE * fp);
```

其作用是从文件读入一个字符串。

调用时可以写成

```
fgets(str,n,fp);
```

说明：

fgets(str,n,fp)中n是要求得到的字符个数，但实际上只读n－1个字符，然后在最后加一个'\0'字符，这样得到的字符串共有n个字符，把它们放到字符数组str中。

如果在读完n－1个字符之前遇到换行符"\n"或文件结束符EOF，读入即结束，但将所遇到的换行符"\n"也作为一个字符读入。

执行fgets成功，返回str数组首地址，如果一开始就遇到文件尾或读数据错，返回NULL。

fputs函数的函数原型为

```
int fputs(char * str, FILE * fp);
```

其中，str指向的字符串输出到fp所指向的文件中，调用时可以写成

```
fputs("China",fp);
```

fputs函数中第一个参数可以是字符串常量、字符数组名或字符型指针；字符串末尾的'\0'不输出；若输出成功，函数值为0；若输出失败，函数值为EOF。

【例7-3】 从键盘读入若干个字符串，对它们按字母大小的顺序排序，然后把排好序的字符串送到磁盘文件中保存。

解题思路：为解决问题，可分为三个步骤：从键盘读入n个字符串，存放在一个二维字符数组中，每一个一维数组存放一个字符串；对字符数组中的n个字符串按字母顺序排序，排好序的字符串仍存放在字符数组中；将字符数组中的字符串顺序输出。

```
#include <stdio.h>
```

```
#include <stdlib.h>
#include <string.h>
int main()
{ FILE *fp;
   char str[3][10],temp[10];
   int i,j,k,n=3;
   printf("Enter strings:\n");
   for(i=0;i<n;i++)
     gets(str[i]);
     for(i=0;i<n-1;i++)
     { k=i;
        for(j=i+1;j<n;j++)
          if(strcmp(str[k],str[j])>0) k=j;
        if(k!=i)
     { strcpy(temp,str[i]);
        strcpy(str[i],str[k]);
        strcpy(str[k],temp);}
     }
    if((fp=fopen("D:\\CC\\string.dat",
                              "w"))==NULL)
    {printf("can't open file!\n"); exit(0);}
    printf("\nThe new sequence:\n");
    for(i=0;i<n;i++)
     { fputs(str[i],fp);
       fputs("\n",fp);
       printf("%s\n",str[i]);
    }
   return 0;
}
```

3. 用格式化的方式读写文件

一般调用方式为

```
fprintf(文件指针,格式字符串,输出表列);
fscanf(文件指针,格式字符串,输入表列);
```

例如：

```
fprintf(fp,"%d,%6.2f",i,f);
fscanf(fp,"%d,%f",&i,&f);
```

4. 用二进制方式向文件读写一组数据

一般调用形式为

```
fread(buffer,size,count,fp);
fwrite(buffer,size,count,fp);
```

其中：

buffer：是一个地址，对 fread 来说，它是用来存放从文件读入的数据的存储区的地址；对 fwrite 来说，是要把此地址开始的存储区中的数据向文件输出。

size：要读写的字节数。

count：要读写多少个数据项。

fp：FILE类型指针。

【例7-4】 从键盘输入10个学生的有关数据，然后把它们转存到磁盘文件上去。

解题思路：定义有10个元素的结构体数组，用来存放10个学生的数据，从main函数输入10个学生的数据，用save函数实现向磁盘输出学生数据，用fwrite函数一次输出一个学生的数据。

```
#include <stdio.h>
#define SIZE 10
struct Student_type
{ char name[10];
   int num;
   int age;
   char addr[15];
}stud[SIZE];
void save( )
{ FILE * fp; int i;
   if((fp = fopen("stu.dat","wb")) == NULL)
   { printf("cannot open file\n");
      return;
   }
   for(i = 0;i < SIZE;i++)
      if(fwrite(&stud[i],
                    sizeof(struct Student_type),
                           1,fp)!= 1)
         printf("file write error\n");
   fclose(fp);
}
int main()
{ int i;
   printf("enter data of students:\n");
   for(i = 0;i < SIZE;i++)
     scanf("%s%d%d%s",
                   stud[i].name,&stud[i].num,
                    &stud[i].age,stud[i].addr);
   save( );
   return 0;
}
```

学习情境2：掌握随机文件读写

对文件进行顺序读写比较容易理解，也容易操作，但有时效率不高。

随机访问不是按数据在文件中的物理位置次序进行读写，而是可以对任何位置上的数据进行访问，显然这种方法比顺序访问效率高得多。

1. 文件位置标记

为了对读写进行控制，系统为每个文件设置了一个文件读写位置标记(简称文件标记)，用来指示“接下来要读写的下一个字符的位置”。

一般情况下，在对字符文件进行顺序读写时，文件标记指向文件开头，进行读操作时，就读第一个字符，然后文件标记向后移一个位置，在下一次读操作时，就将位置标记指向第二个字符读入。以此类推，直到遇到文件尾，结束。

如果是顺序写文件，则每写完一个数据后，文件标记顺序向后移一个位置，然后在下一次执行写操作时把数据写入指针所指的位置。直到把全部数据写完，此时文件位置标记在最后一个数据之后。

可以根据读写的需要，人为地移动文件标记的位置。文件标记可以向前移、向后移，移到文件头或文件尾，然后对该位置进行读写——随机读写，随机读写可以在任何位置写入数据，在任何位置读取数据。

rewind 函数的作用是使文件标记重新返回文件的开头，此函数没有返回值。

【例 7-5】 有一个磁盘文件，其内有一些信息。要求第一次将它的内容显示在屏幕上，第二次把它复制到另一文件上。

解题思路：因为在第一次读入完文件内容后，文件标记已指到文件的末尾，如果再接着读数据，就遇到文件结束标志，feof 函数的值等于 1(真)，无法再读数据，必须在程序中用 rewind 函数使位置指针返回文件的开头。

```
#include <stdio.h>
int main()
{ FILE *fp1, *fp2;
   fp1 = fopen("file1.dat","r");
   fp2 = fopen("file2.dat","w");
   while(!feof(fp1))
        putchar(getc(fp1));
   putchar(10);
   rewind(fp1);
   while(!feof(fp1))
           putc(getc(fp1),fp2);
   fclose(fp1); fclose(fp2);
   return 0;
}
```

2. 文件位置标记的定位

ftell 函数的作用是得到流式文件中文件位置标记的当前位置。

由于文件中的文件位置标记经常移动，人们往往不容易知道当前位置，所以常用 ftell 函数得到当前位置，用相对于文件开头的位移量来表示。如果调用函数时出错(如不存在 fp 指向的文件)，ftell 函数返回值为－1L。例如：

```
i = ftell(fp);
if(i == -1L) printf("error\n");
```

3. 随机读写

【例 7-6】 在磁盘文件上存有 10 个学生的数据。要求将第 1,3,5,7,9 个学生数据输入计算机，并在屏幕上显示出来。

解题思路：按二进制只读方式打开文件，将文件位置标记指向文件的开头，读入一个学生的信息，并把它显示在屏幕上，再将文件标记指向文件中第 1,3,5,7,9 个学生的数据区的开头，读入相应学生的信息，并显示在屏幕上，关闭文件。

```
#include <stdio.h>
```

```
#include <stdlib.h>
struct St
{ char name[10];
   int num;
   int age;
   char addr[15];
}stud[10];
int main()
{ int i; FILE *fp;
   if((fp=fopen("stu.dat","rb"))==NULL)
   { printf("can not open file\n"); exit(0); }
    for(i=0;i<10;i+=2)
    { fseek(fp,i*sizeof(struct St),0);
      fread(&stud[i], sizeof(struct St),1,fp);
      printf("%-10s %4d %4d %-15s\n",
                                   stud[i].name,stud[i].num,
                                   stud[i].age,stud[i].addr);
   }
   fclose(fp); return 0;
}
```

学习情境3：了解文件读写检测

1. ferror 函数

ferror 函数的一般调用形式为

```
ferror(fp);
```

如果返回值为0，表示未出错，否则表示出错。每次调用输入输出函数，都产生新的ferror 函数值，因此调用输入输出函数后再检查调用 fopen，ferror 的初始值自动置为0。

2. clearerr 函数

作用是使文件错误标志和文件结束标志置为0。调用一个输入输出函数时出现错误（ferror 值为非零值）时，应立即调用 clearerr(fp)，使 ferror(fp)值变0，以便再进行下一次检测。

只要出现文件读写错误标志，它就会一直保留，直到对同一文件调用 clearerr 函数或 rewind 函数，或任何其他一个输入输出函数。

应用实例

应用实例1：

从键盘上输入5个职工的数据并存储到文件 work.dat 中。每个职工的数据包括姓名、年龄、工资。从文件中读取存放在第1名和最后1名的职工数据并输出到屏幕上。

源程序：

```
#include <stdio.h>
#include <stdilib.h>
struct worker
```

```
{
    char name[10];
    int age;
    float salary;
}w[5],temp;
int main( )
{
    FILE *fp;
    int i;
    if((fp=fopen("d:\\work.dat","wb+"))==NULL)
    {
        printf("Failed to open work.dat!\n");
        exit(0);
    }
    for(i=0;i<5;i++)                                    /*循环写入5名职工数据*/
    {
        scanf("%s%d%f",w[i].name,&w[i].age,&w[i].salary);
        fwrite(&w[i],sizeof(struct worker),1,fp);
    }
    rewind(fp);                                         /*移动文件指针到文件头*/
    fread(&temp,sizeof(struct worker),1,fp);            /*读取第1名职工数据 */
    printf("first:name:%s,age:%d,salary:%.1f\n",temp.name,temp.age,temp.salary);
    fseek(fp,(-1)*sizeof(struct worker),2);             /*从文件末尾向前移动文件指针*/
    fread(&temp,sizeof(struct worker),1,fp);            /*读取最后1名职工数据*/
    printf("end:name:%s,age:%d,salary:%.1f\n",temp.name,temp.age,temp.salary);
    fclose(fp);
    return 0;
}
```

运行结果：

```
王丽 23 3000
李霞 45 4500
张鹏 39 4000
孙颖 55 5500
高明 29 3500
first:name:王丽,age:23,salary:3000.0
end:name:高明,age:29,salary:3500.0
```

应用实例2：

从键盘输入5个学生的数据(姓名、两门课成绩)，保存到文件score.txt中。

分析：采用结构体数组存储5个学生的成绩信息，结构体类型的两个成员分别用字符数组存储学生姓名，用整型数组存储学生成绩。针对两种不同类型的成员信息，使用格式化输入函数fprintf写入文件。

源程序：

```
#include <stdio.h>
#include <stdlib.h>
struct student                                          /*定义结构体类型*/
{
    char name[10];
```

```
    int score[2];
};
int main( )
{
    FILE * fp;
    int i;
    struct student s[5];                                   /* 定义结构体数组 */
    if((fp = fopen("d:\\score.txt","w")) == NULL)
    {
        printf("Failed to open score.txt!\n");
        exit(0);
    }
    for(i = 0;i < 5;i++)                                   /* 循环写入 5 个学生的数据 */
    {
        printf("input student %d:",i + 1);
        scanf("%s%d%d",s[i].name,&s[i].score[0],&s[i].score[1]);
                                                           /* 从键盘输入 1 个学生的数据 */
        fprintf(fp,"%10s %d %d\n",s[i].name,s[i].score[0],s[i].score[1]);
                                                           /* 将 1 个学生的数据写入文件 */
    }
    fclose(fp);
    return 0;
}
```

运行程序后输入：

```
input student 1:张明 95 88↙
input student 2:丽丽 78 65↙
input student 3:王鹏 100 79↙
input student 4:刘华 70 60↙
input student 5:孙颖 90 80↙
```

运行程序后，文件 score.txt 中存储的内容如图 7-1 所示。

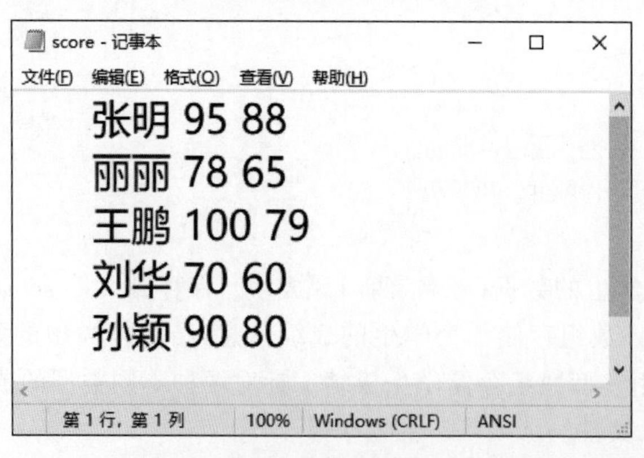

图 7-1　文件内容

应用实例 3：

将 26 个英文大写字母写入文件 abc.txt，然后从文件中读出并显示到屏幕上。

分析：

(1) 利用循环方式写入 26 个英文字母。循环变量 i 初值为 0，终值为 25，利用表达式

'A'+i 可以循环写入 26 个英文大写字母。

(2) 从文件中读取的字符,若要显示到屏幕上,也需要借助字符变量 ch,通过 putchar 函数输出到屏幕上。

源程序:

```
#include < stdio.h >
#include < stdlib.h >
int main( )
{
    FILE  * fp;
    char ch;
    int i;
    if((fp = fopen("d:\\abc.txt","w")) == NULL)        /* 以只写方式打开文件 */
    {
        printf("Failed to open abc.txt!\n");
        exit(0);
    }
    for(i = 0;i <= 25;i++)
        fputc('A' + i,fp);                             /* 将 26 个大写字母逐个写入文件 */
    fclose(fp);
    if((fp = fopen("d:\\abc.txt","r")) == NULL)        /* 以只读方式再次打开文件 */
    {
        printf("Failed to open abc.txt!\n");
        exit(0);
    }
    while(!feof(fp))                                   /* 判断文件是否结束 */
    {
        ch = fgetc(fp);                                /* 读取文件中的内容 */
        putchar(ch);                                   /* 显示到屏幕上 */
    }
    fclose(fp);
    return 0;
}
```

运行结果:

```
ABCDEFGHIJKLMNOPQRSTUVWXYZ
```

运行程序后,文件 abc.txt 中存储的内容如图 7-2 所示。

图 7-2 文件内容

习　题

一、单项选择题

1. C语言中的文件类型只有(　　)。

A. 索引文件和文本文件两种　　B. 二进制文件一种

C. 文本文件一种　　D. ASCII文件和二进制文件两种

2. 应用缓冲文件系统对文件进行读写操作,打开文件的函数名为(　　)。

A. open　　B. fopen　　C. close　　D. fclose

3. 应用缓冲文件系统对文件进行读写操作,关闭文件的函数名为(　　)。

A. fclose　　B. close　　C. fread　　D. fwrite

4. 打开文件时,方式"w"决定了对文件进行的操作是(　　)。

A. 只写盘　　B. 只读盘　　C. 可读可写盘　　D. 追加写盘

5. 若以"a"方式打开一个已存在的文件,则以下叙述正确的是(　　)。

A. 文件打开时,原有文件内容不被删除,位置指针移到文件末尾,可做添加和读操作

B. 文件打开时,原有文件内容不被删除,位置指针移到文件开头,可做重写和读操作

C. 文件打开时,原有文件内容被删除,只可做写操作

D. 以上各种说法皆不正确

6. 若fp已正确定义并指向某个文件,当未遇到该文件结束标志时函数feof(fp)的值为(　　)。

A. 0　　B. 1　　C. −1　　D. 一个非0值

二、程序设计题

1. 在D盘根目录下创建一个名为abc.txt的数据文件,要求在该文件中写入26个英文小写字母。

2. 打开由上题所创建的数据文件abc.txt,将文件中的内容按照每行5个字母的格式显示到屏幕上。

3. 在D盘根目录下建立文本文件poem.txt,从键盘输入任意一首古诗,每输入一句必须回车换行,最后以“@”作为结束输入标记。将诗句写入文本文件poem.txt。

4. 从键盘上分别输入每个学生的原始记录(包括学号、数学成绩、物理成绩和语文成绩,见表7-3),计算出每个学生的总成绩,然后按照格式化写文件的要求,把完整的信息保存到一个名为score.txt的文本文件中。

表7-3　学生成绩信息表

学　号	数　学	物　理	语　文	总成绩
08220101	70	85	60	
08220102	91	65	78	
08220103	100	95	55	
08220104	83	88	96	

参 考 文 献

[1] Brian W K,Dennis M R.C 程序设计语言[M].北京：机械工业出版社,2010.
[2] 唐国民,王智群.C 语言程序设计[M].北京：清华大学出版社,2009.
[3] 孙街亭.C 语言程序设计案例教程[M].北京：中国水利水电出版社,2010.
[4] 谭浩强.C 程序设计[M].3 版.北京：清华大学出版社,2005.
[5] 教育部考试中心.全国计算机等级考试二级教程 C 语言程序设计[M].北京：高等教育出版社,2004.
[6] 孔娟.C 语言程序设计[M].长春：吉林大学出版社,2009.
[7] 柳盛.C 语言通用范例开发金典[M].北京：电子工业出版社,2008.
[8] 温海.C 语言精彩编程百例[M].北京：中国水利水电出版社,2004.
[9] 姜灵芝.C 语言课程设计案例精编[M].北京：清华大学出版社,2008.
[10] 张仁杰,王风茂.C 语言程序设计实训教程[M].北京：中国电力出版社,2006.

图书资源支持

感谢您一直以来对清华版图书的支持和爱护。为了配合本书的使用，本书提供配套的资源，有需求的读者请扫描下方的“书圈”微信公众号二维码，在图书专区下载，也可以拨打电话或发送电子邮件咨询。

如果您在使用本书的过程中遇到了什么问题，或者有相关图书出版计划，也请您发邮件告诉我们，以便我们更好地为您服务。

我们的联系方式：

清华大学出版社计算机与信息分社网站：https://www.shuimushuhui.com/

地　　址：北京市海淀区双清路学研大厦 A 座 714

邮　　编：100084

电　　话：010-83470236　010-83470237

客服邮箱：2301891038@qq.com

QQ：2301891038（请写明您的单位和姓名）

资源下载：关注公众号“书圈”下载配套资源。

资源下载、样书申请

书圈

图书案例

清华计算机学堂

观看课程直播